中等职业学校工业和
信息化精品系列教材

Photoshop
图形图像处理

项目式全彩微课版

主编：朱庆 李强
副主编：石大可 唐祖明

人民邮电出版社
北京

图书在版编目（CIP）数据

Photoshop图形图像处理：项目式全彩微课版 / 朱庆，李强主编. -- 北京：人民邮电出版社，2022.7
中等职业学校工业和信息化精品系列教材
ISBN 978-7-115-58825-8

Ⅰ．①P… Ⅱ．①朱… ②李… Ⅲ．①图像处理软件—中等专业学校—教材 Ⅳ．①TP391.413

中国版本图书馆CIP数据核字(2022)第040680号

内 容 提 要

本书全面、系统地介绍 Photoshop CC 2019 的基本操作方法和图形图像处理技巧，并对 Photoshop 在设计领域的应用进行细致的讲解，具体内容包括图像制作基础、软件基础操作、插画设计、Banner 设计、App 设计、H5 设计、海报设计、网页设计、包装设计、综合设计实训等。

本书项目 1～项目 9 先在"相关知识"中讲解基础知识，使学生了解图形图像处理的相关概念、要素和设计原则等；再通过"任务引入"引导学生了解每个任务学习的要点；通过"设计理念"展示设计的构思过程和主导思想；通过"任务知识"带领学生深入学习软件功能；通过"任务实施"指导学生快速熟悉图像的设计制作过程；通过"扩展实践"和"项目演练"提高学生的实际应用能力。项目 10 是综合设计实训，旨在帮助学生掌握商业案例的设计理念和设计方法，提升学生的实战水平。

本书可作为中等职业学校数字艺术专业平面设计课程的教材，也可供相关人员学习参考。

- ◆ 主　　编　朱　庆　李　强
  副 主 编　石大可　唐祖明
  责任编辑　王亚娜
  责任印制　王　郁　焦志炜
- ◆ 人民邮电出版社出版发行　　北京市丰台区成寿寺路 11 号
  邮编　100164　　电子邮件　315@ptpress.com.cn
  网址　https://www.ptpress.com.cn
  北京七彩京通数码快印有限公司印刷
- ◆ 开本：889×1194　1/16
  印张：12.25　　　　　　　　2022 年 7 月第 1 版
  字数：248 千字　　　　　　2024 年 8 月北京第 4 次印刷

定价：59.80 元

读者服务热线：(010)81055256　印装质量热线：(010)81055316
反盗版热线：(010)81055315
广告经营许可证：京东市监广登字 20170147 号

前 言

PREFACE

　　Photoshop 是 Adobe 公司开发的一款图形图像处理和编辑软件。它功能强大、易学易用，深受平面设计师的喜爱。目前，我国很多中等职业学校的数字艺术专业都将 Photoshop 列为重要的专业课程。本书由经验丰富的一线教师编写，从人才培养目标、专业方案等方面做好顶层设计，明确专业课程标准，强化专业技能培养，并根据岗位技能要求引入企业真实案例，进行项目式教学。根据现代中等职业学校的教学方向和教学特色，编者对本书的教学体系做了精心的设计，根据 Photoshop 在平面设计领域的应用方向来布置项目，基本按照"相关知识—任务引入—设计理念—任务知识—任务实施—扩展实践—项目演练"的思路编排，力求"做学一体"，提高学生的实际应用能力。

　　本书提供书中所有案例的素材及效果文件。另外，为方便教师教学，本书还配备微课视频、PPT 课件、教学大纲、教学教案等丰富的教学资源，任课教师可登录人邮教育社区（www.ryjiaoyu.com）免费下载。本书的参考学时为 58 学时，各项目的参考学时参见下面的学时分配表。

项目	课程内容	学时分配
项目 1	发现图像中的美——图像制作基础	4
项目 2	熟悉设计工具——软件基础操作	6
项目 3	绘制生动图画——插画设计	6
项目 4	制作电商广告——Banner 设计	6
项目 5	制作手机界面——App 设计	6
项目 6	制作互动广告——H5 设计	6
项目 7	制作宣传广告——海报设计	6
项目 8	制作网站页面——网页设计	6

项目	课程内容	学时分配
项目 9	制作商品包装——包装设计	6
项目 10	掌握商业设计——综合设计实训	6
学时总计		58

本书由朱庆、李强任主编，石大可、唐祖明任副主编。

由于编者水平有限，书中难免存在疏漏和不足之处，敬请广大读者批评指正。

编者

2021 年 12 月

目 录
CONTENTS

项目1

发现图像中的美
——图像制作基础

01

近年来，随着信息技术与视觉设计的不断发展，图像制作的技术与审美要求也在相应提升，从事图像制作的相关人员需要系统地学习图像制作的技术和技巧。本项目将对图像制作的相关应用及工作流程进行系统讲解。通过本项目的学习，读者可以对图像制作有一个全面的认识，从而高效地进行后续的图像制作工作。

学习引导

知识目标
- 了解图像制作的相关应用
- 明确图像制作的工作流程

能力目标
- 了解作品图片的收集方法
- 掌握搜集设计素材的方法

素养目标
- 培养对图像制作的兴趣

相关知识：图像中的美学与设计

　　图像设计与制作指运用手工、计算机技术或复合方法进行图像的创意表现。在我们的生活中，经过创意设计的图像随处可见，如图1-1所示。这些图像不但直观明了，而且生动形象，让人赏心悦目、印象深刻。

图1-1

任务 1.1　　了解图像制作的相关应用

1.1.1　任务引入

　　本任务要求读者首先了解图像制作的相关应用领域；然后通过在相关网站中搜集数字绘画的作品图片操作，鉴赏图像制作的各种效果。

1.1.2　任务知识：图像制作的应用

1 图像处理

　　图像处理可以美化图片，最大限度地满足人们对美的追求。利用软件的抠图、修图等功能，可以让图像变得更加精美且富有创意，如图1-2所示。

2 视觉创意

　　视觉创意是指用户根据自己的想法对图像进行合成、特效处理及3D创作等，以达到视觉与创意的完美结合，如图1-3所示。

3 数字绘画

　　图像制作软件提供了丰富的色彩及种类繁多的绘制工具，为数字艺术创作提供了便利条件，让用户在计算机上也可以绘制出风格多样的精美插画。数字绘画已经成为新文化群体表达想法的重要途径，在日常生活中随处可见，如图 1-4 所示。

图 1-2

图 1-3

图 1-4

❹ 平面设计

平面设计在图像制作中应用得最广泛，常见的有平面广告、招贴、宣传单、海报等，如图 1-5 所示。

图 1-5

5 包装设计

在图书装帧设计和产品包装设计中，图像制作至关重要。熟练应用各种图像制作技术，是设计出有品位包装的基础，如图 1-6 所示。

图 1-6

6 界面设计

随着互联网的普及，人们对界面的审美要求也在不断提升，这时，图像制作就显得尤为重要了。通过它可以设计并美化网页、App 和软件界面，制作各种逼真的质感和特效，如图 1-7 所示。

图 1-7

7 **产品设计**

在产品设计的效果图表现阶段，经常要使用图像制作技术来绘制和处理产品效果图。利用图像制作技术可以充分表现出产品的优越性和细节，设计出能够赢得顾客喜爱的产品效果图，如图1-8所示。

图1-8

8 **展示效果图处理**

运用图像制作技术不仅可以对渲染出的室内外展示效果图进行配景、色调调整等后期处理，还可以绘制精美贴图，并将其贴在模型上以达到好的渲染效果，如图1-9所示。

图1-9

1.1.3　任务实施

（1）打开花瓣网官网，单击网页右上角的"登录/注册"按钮，如图1-10所示。在弹出的对话框中选择登录方式并登录，如图1-11所示。

图 1-10   图 1-11

（2）在搜索框中输入关键词"国潮插画"，如图 1-12 所示，按 Enter 键进入搜索页面。

图 1-12

（3）选择页面左上角的"画板"选项，再选择需要的插画类别，如图 1-13 所示。

图 1-13

（4）在需要采集的画板上单击，在打开的页面中选择需要的图片，单击"采集"按钮，如图 1-14 所示。在弹出的对话框中输入名称"插画设计"，单击下方的"创建画板'插画设计'"按钮，新建画板。单击"采下来"按钮，将需要的图片采集到创建的画板中，如图 1-15 所示。

图 1-14   图 1-15

任务 1.2 明确图像制作的基本流程

1.2.1 任务引入

本任务要求读者首先了解图像制作的流程；然后通过在相关网站中搜集故宫海报设计素材的操作，积累素材并进一步提高计算机操作速度。

1.2.2 任务知识：图像制作的基本流程

图像制作的基本流程包括需求分析、素材搜集、草稿设计、视觉设计、审核修改、完稿验收这六大步骤，如图 1-16 所示。

需求分析

素材搜集

草稿设计

视觉设计

审核修改

完稿验收

图 1-16

1.2.3 任务实施

（1）打开花瓣网官网，单击页面右上角的"登录/注册"按钮，如图 1-17 所示。在弹出的对话框中选择登录方式并登录，如图 1-18 所示。

图 1-17   图 1-18

（2）在搜索框中输入关键词"故宫海报"，如图 1-19 所示，按 Enter 键进入搜索页面。

图 1-19

（3）选择页面左上角的"画板"选项，再选择需要的海报类别，如图 1-20 所示。

图 1-20

（4）在需要采集的画板上单击，在打开的页面中选择需要的图片，单击"采集"按钮，如图 1-21 所示。在弹出的对话框中输入名称"海报设计"，单击下方的"创建画板'海报设计'"按钮，新建画板。单击"采下来"按钮，将需要的图片采集到画板中，如图 1-22 所示。

图 1-21   图 1-22

02

项目2

熟悉设计工具

——软件基础操作

在了解图像制作的基础知识后，下面介绍常用的图形图像设计工具。图形图像设计工具有很多，本项目以Photoshop为例进行介绍。通过本项目的学习，读者可以对Photoshop有初步的认识和了解，并快速掌握Photoshop的基础知识和基本操作方法，为以后的学习打下坚实的基础。

学习引导

知识目标

- 了解图形图像的基础知识
- 了解常用的设计工具

能力目标

- 熟练掌握软件的操作和文件操作方法
- 掌握图像的基本操作方法

素养目标

- 提高对设计工具的熟悉程度

相关知识：　了解图形图像的基础知识和设计工具

1 图形图像的基础知识

◎位图

位图也叫点阵图，是由许多单独的小方块组成的。这些小方块称为像素。每个像素都有特定的位置和颜色值，位图的显示效果依赖于像素，将不同位置和颜色的像素组合在一起就可以构成色彩丰富的图像。像素越多，图像的分辨率越高，相应地，图像文件的数据量也会越大。

一幅位图的原始效果如图 2-1 所示，使用缩放工具将其放大后，可以看到其中的像素，如图 2-2 所示。

图 2-1　　　　　　　　　　图 2-2

◎矢量图

矢量图也叫向量图，它是一种基于图形的几何特性绘制而成的图像。矢量图中的各种图形元素被称为对象，每一个对象都是独立的个体，都具有大小、颜色、形状和轮廓等属性。

将矢量图设置为任意大小，其清晰度不变，也不会出现锯齿状的边缘。矢量图在任何分辨率下显示或打印时，都不会损失细节。一幅矢量图的原始效果如图 2-3 所示，使用缩放工具将其放大后，其清晰度不变，如图 2-4 所示。

图 2-3　　　　　　　　　　图 2-4

◎图像分辨率

在 Photoshop 中，图像中每单位长度上的像素数目称为图像的分辨率，其单位为"像素 / 英寸"或"像素 / 厘米"（1 英寸 ≈ 2.54 厘米）。

图 2-5

在相同尺寸的两幅图像中，高分辨率图像包含的像素比低分辨率图像包含的像素多。例如，一幅尺寸为 1 英寸 ×1 英寸的图像，其分辨率为 72 像素 / 英寸，这幅图像包含 5184（72×72 = 5184）个像素。相同尺寸的分辨率为 300 像素 / 英寸的图像包含 90000 个像素。在相同尺寸下，分辨率为 72 像素 / 英寸的图像效果如图 2-1 所示，分辨率为 10 像素 / 英寸的图像效果如图 2-5 所示。由此可见，在相同尺寸下，高分辨率的图像更能清晰地展现图像内容。

◎图像的色彩模式

CMYK 代表印刷时使用的 4 种油墨颜色：C 代表青色，M 代表洋红色，Y 代表黄色，K 代表黑色。Photoshop CC 2019 CMYK "颜色"面板如图 2-6 所示。CMYK 色彩模式应用了色彩学中的减法混合原理，即减色色彩模式。它是 Photoshop 中最常用的一种印刷方式，在印刷中通常要先进行分色，出四色胶片后再进行印刷。

与 CMYK 色彩模式不同的是，RGB 色彩模式是一种加色色彩模式，它通过红、绿、蓝 3 种色光的叠加形成更多的颜色。一幅 24 位的 RGB 图像有 3 个色彩信息通道：红色（R）、绿色（G）和蓝色（B）。RGB "颜色"面板如图 2-7 所示。

图 2-6

图 2-7

◎图像文件存储格式

Photoshop 提供了 20 多种图像文件存储格式，用户可以根据工作需要进行选择。图像的常见用途及对应的图像文件存储格式如下。

商业印刷：TIFF、EPS。

出版：PDF。

互联网图像：GIF、JPEG、PNG。

Photoshop 工作：PSD、PDD、TIFF。

2 设计工具

目前在平面设计工作中，设计者经常使用的软件有 Photoshop、Illustrator、InDesign 和 CorelDRAW。这 4 款软件各自拥有鲜明的功能特色。要想根据创意制作出优秀的平面设计作品，就需要熟练使用这 4 款软件，并能很好地结合它们各自的优势。

◎ Photoshop

Photoshop 是集编辑修饰、制作处理、创意编排、图像输入与输出于一体的图形图像处理软件，深受平面设计人员、数字艺术和摄影爱好者的喜爱。Photoshop CC 2019 的启动界面如图 2-8 所示。

◎ Illustrator

Illustrator 是 Adobe 公司推出的专业矢量绘图软件，是出版、多媒体和在线图像的工业标准矢量插画绘制软件。Illustrator 的使用人群主要包括印刷出版线稿的设计者、插画师、多媒体图像制作者和在线内容的制作者。Illustrator CC 2019 的启动界面如图 2-9 所示。

图 2-8　　　　　　　　　　　　　　　　　　图 2-9

◎ InDesign

InDesign 是 Adobe 公司开发的专业排版设计软件，是专业出版方案的平台。它功能强大、易学易用，用户可通过其内置的创意工具和精确的排版控制功能为传统出版物或数字出版物设计出极具吸引力的页面版式。它深受版式编排人员和平面设计师的喜爱。InDesign CC 2019 的启动界面如图 2-10 所示。

◎ CorelDRAW

CorelDRAW 是 Corel 公司开发的集矢量图设计、印刷排版、文字编辑处理和图形输出于一体的平面设计软件，它深受平面设计师、插画师和版式编排人员的喜爱。CorelDRAW X8 的启动界面如图 2-11 所示。

图 2-10　　　　　　　　　　　　　　　　　　图 2-11

任务 2.1　熟悉软件操作界面

2.1.1　任务引入

本任务要求读者首先了解 Photoshop CC 2019 的操作界面及基础操作；然后通过选择需要的图层操作了解控制面板的使用方法，通过新建文件和保存文件操作熟悉快捷键的应用技巧，通过移动图像操作掌握工具箱中工具的使用方法。

2.1.2　任务知识：软件操作界面及基础操作

熟悉操作界面是学习 Photoshop 的基础。掌握操作界面的布局，有助于得心应手地使用 Photoshop。Photoshop CC 2019 的界面主要由菜单栏、工具箱、属性栏、状态栏和面板组成，如图 2-12 所示。

图 2-12

① 菜单栏

若菜单命令的右侧显示了黑色的三角形▶，则选择此命令后会显示出其子菜单，如图 2-13 所示；若菜单命令显示为灰色，则此命令不可用；若菜单命令右侧显示了 3 个点 "..."，如图 2-14 所示，则选择此菜单命令后可弹出相应的对话框，在弹出的对话框中可以进行相应的设置。

② 工具箱

工具箱中有多组工具。在右下角有黑色小三角形▪的工具图标上按住鼠标左键不放，将弹出隐藏的工具，如图 2-15 所示。将鼠标指针放置在某一工具上，会出现演示框，显示该工具的名称和功能，如图 2-16 所示。工具名称后面括号中的字母代表选择此工具的快捷键，只需在键盘上按相应的键，就可以快速切换到对应工具。

图 2-13　　　　　　　　　　图 2-14

图 2-15

图 2-16

当工具箱显示为双栏时，如图 2-17 所示，单击工具箱上方的双箭头图标，工具箱即可转换为单栏显示，如图 2-18 所示。

图 2-17　　　　　　　　　　图 2-18

③ 属性栏

选择某个工具后，操作界面上方会出现相应的属性栏，可以通过属性栏对工具进行进一步的设置。例如，当选择魔棒工具 ✍ 时，操作界面的上方会出现相应的魔棒工具属性栏，如图 2-19 所示，可以通过属性栏中的各个属性对工具做进一步的设置。

图 2-19

④ 状态栏

当打开一幅图像时，操作界面的下方会出现该图像的状态栏，如图 2-20 所示。状态栏的左侧会显示当前图像的显示比例，在其文本框中输入数值可改变图像的显示比例。

图 2-20

状态栏的中间部分显示的是当前图像的信息。单击箭头按钮 〉，在弹出的列表中可以选择显示信息的类型，如图 2-21 所示。

图 2-21

⑤ 面板

面板是处理图像时不可或缺的一个部分。Photoshop 为用户提供了多个面板。

面板的默认状态如图 2-22 所示。单击面板右上方的双箭头图标 ⏩，可以将面板收缩，如图 2-23 所示。

要展开某个面板，可以直接单击其选项卡名称，相应的面板会自动弹出，如图 2-24 所示。在面板的选项卡上按住鼠标左键不放并向工作区拖曳，此时该面板将被单独拆分出来，如图 2-25 所示。

也可以根据需要将两个或多个面板放到一个面板组中，如图 2-26 所示。单击面板右上方的 ≡ 图标，可以弹出面板的相关命令，如图 2-27 所示。

图 2-22

图 2-23

图 2-24

图 2-25

图 2-26

图 2-27

　　按 Tab 键，可以隐藏工具箱和面板；再次按 Tab 键，可显示出隐藏的部分。按 Shift+Tab 组合键，可以隐藏面板；再次按 Shift+Tab 组合键，可显示出隐藏的部分。

　　选择"窗口＞工作区＞新建工作区"命令，弹出"新建工作区"对话框，如图 2-28 所示。用户在此对话框中可以依据操作习惯自定义工作区，从而设计出个性化的 Photoshop 界面。

图 2-28

2.1.3 任务实施

（1）打开 Photoshop CC 2019，选择"文件 > 打开"命令，弹出"打开"对话框。选择本书云盘中的"基础素材 > Ch01 > 01"文件，单击"打开"按钮，打开文件，如图 2-29 所示。在操作界面右侧的"图层"面板中单击"猪猪"图层，如图 2-30 所示。

图 2-29   图 2-30

（2）按 Ctrl+N 组合键，弹出"新建文档"对话框，各项设置如图 2-31 所示。单击"创建"按钮，新建文件，如图 2-32 所示。

图 2-31   图 2-32

（3）在"未标题 -1"图像窗口的标题栏上按住鼠标左键不放，将其拖曳到适当的位置，使其变为浮动窗口，如图 2-33 所示。在"01"图像窗口的标题栏上按住鼠标左键不放，将其拖曳到适当的位置，使其变为浮动窗口，如图 2-34 所示。

图 2-33   图 2-34

（4）选择操作界面左侧工具箱中的移动工具 ⊕，将"猪猪"图层中的图像从"01"图像窗口中拖曳到"未标题-1"图像窗口中，如图2-35所示。释放鼠标，效果如图2-36所示。

图2-35   图2-36

（5）按Ctrl+S组合键，弹出"另存为"对话框，在其中选择文件的存储位置并设置文件名，如图2-37所示。单击"保存"按钮，弹出提示对话框，单击"确定"按钮，保存文件。此时标题栏中显示的是文件保存后的名称，如图2-38所示。

图2-37   图2-38

任务 2.2   掌握文件操作方法

2.2.1   任务引入

本任务要求读者首先了解文件的基本操作方法；然后通过复制图像到新建文件中的

操作掌握"新建"命令的用法，通过关闭新建文件的操作掌握"保存"和"关闭"命令的用法。

2.2.2　任务知识：文件的基本操作方法

①　新建图像文件

选择"文件 > 新建"命令，或按 Ctrl+N 组合键，弹出"新建文档"对话框，如图 2-39 所示。根据需要单击对话框上方的选项卡，选择预设的文件类别；在对话框右侧修改图像的名称、宽度、高度、分辨率和颜色模式等参数；单击图像名称右侧的 ⬆ 按钮。设置完成后单击"创建"按钮，即可新建图像文件，如图 2-40 所示。

图 2-39　　　　　　　　　　　　　　　　图 2-40

②　打开图像文件

选择"文件 > 打开"命令，或按 Ctrl+O 组合键，弹出"打开"对话框，如图 2-41 所示。在其中选择文件所在路径，确认文件类型和名称，通过 Photoshop 提供的缩览图选择文件。单击"打开"按钮或直接双击文件，即可打开图像文件，如图 2-42 所示。

图 2-41　　　　　　　　　　　　　　　　图 2-42

提示　通过"打开"对话框也可以一次打开多个文件。在文件列表中将所需的几个文件同时选中，并单击"打开"按钮即可。在"打开"对话框中选择文件时，在按住 Ctrl 键的同时单击文件，可以选择不连续的多个文件；在按住 Shift 键的同时单击文件，可以选择连续的多个文件。

❸ 保存图像文件

选择"文件 > 存储"命令，或按 Ctrl+S 组合键，可以保存图像文件。当对设计好的作品进行第一次存储时，选择"文件 > 存储"命令，将弹出"另存为"对话框，如图 2-43 所示。在该对话框中输入文件名并选择文件保存类型后，单击"保存"按钮，即可保存图像文件。

图 2-43

提示　在对已存储过的图像文件进行各种编辑操作后，选择"文件 > 存储"命令，将不再弹出"另存为"对话框，系统会直接保存图像文件，并覆盖原图像文件。

❹ 关闭图像文件

选择"文件 > 关闭"命令，或按 Ctrl+W 组合键，可以关闭图像文件。在关闭图像文件时，若当前文件被修改过或是新建的文件，则会弹出提示对话框，如图 2-44 所示。单击"是"按钮即可存储并关闭图像文件。

图 2-44

2.2.3 任务实施

（1）打开 Photoshop CC 2019，选择"文件 > 打开"命令，弹出"打开"对话框，如图 2-45 所示。选择本书云盘中的"基础素材 > Ch01 > 03"文件，单击"打开"按钮，打开图像，如图 2-46 所示。

图 2-45　　　　　　　　　　　　　　　　　图 2-46

（2）在"图层"控制面板中单击"人物"图层，如图 2-47 所示。按 Ctrl+A 组合键全选图像，如图 2-48 所示。按 Ctrl+C 组合键复制图像。

图 2-47　　　　　　　　　　　　　　　　　图 2-48

（3）选择"文件 > 新建"命令，弹出"新建文档"对话框，各项设置如图 2-49 所示。单击"创建"按钮，新建文件。按 Ctrl+V 组合键，将复制的图像粘贴到"未标题 -1"图像窗口中，如图 2-50 所示。

图 2-49　　　　　　　　　　　　　　　　　图 2-50

（4）单击"未标题-1"图像窗口右上角的"关闭"按钮，弹出提示对话框，如图2-51所示。单击"是"按钮，弹出"另存为"对话框，在其中输入文件名并选择文件保存类型，如图2-52所示。单击"保存"按钮，弹出"Photoshop 格式选项"对话框，如图2-53所示。单击"确定"按钮，保存文件，同时关闭"未标题-1"图像窗口中的文件。

图 2-51

图 2-52

图 2-53

（5）单击"03"图像窗口右上角的"关闭"按钮，关闭"03"文件。单击软件操作界面右上角的"关闭"按钮可关闭软件。

任务 2.3　熟悉图像操作技巧

2.3.1　任务引入

本任务要求读者首先了解图像的显示与调整操作；然后通过缩小图像和让图像适合窗口大小显示操作掌握图像的显示方式。

2.3.2　任务知识：图像的显示与调整操作

❶ 图像的显示效果

在使用 Photoshop 编辑和处理图像时，可以改变图像的显示比例使工作更高效。

◎ 100% 显示图像

100% 显示图像的效果如图 2-54 所示。在此状态下可以对文件进行精确的编辑。

图 2-54

◎放大图像

选择缩放工具 🔍，图像窗口中的鼠标指针将变为放大工具图标🔍，每单击 1 次，图像就会放大 1 倍。当图像以 100% 的比例显示时，在图像窗口中单击 1 次，图像则会以 200% 的比例显示，效果如图 2-55 所示。

当要放大一个指定的区域时，先选择放大工具🔍，再选择需要放大的区域，按住鼠标左键不放并拖曳鼠标，选择的区域会被放大并填满图像窗口，如图 2-56 所示。

按 Ctrl+ + 组合键可逐次放大图像，例如，将图像从 100% 的显示比例放大到 200%、300% 直至 400%。

图 2-55

图 2-56

◎缩小图像

选择缩放工具 🔍，图像窗口中的鼠标指针将变为放大工具图标🔍。按住 Alt 键不放，鼠标指针将变为缩小工具图标🔍，每单击 1 次，图像将缩小 1 级。缩小前的图像效果如图 2-57 所示，缩小后的图像效果如图 2-58 所示。按 Ctrl+ − 组合键可逐次缩小图像。

图 2-57

图 2-58

也可在缩放工具属性栏中单击 🔍 按钮，如图 2-59 所示。此时鼠标指针将变为缩小工具图标 🔍，每单击 1 次，图像将缩小 1 级。

图 2-59

◎全屏显示图像

若要将图像窗口放大到适合整个屏幕的状态，可以在缩放工具属性栏中单击"适合屏幕"按钮，如图 2-60 所示。这样，图像窗口就会和屏幕的尺寸相适应，效果如图 2-61 所示。单击"100%"按钮，图像将以实际像素显示。单击"填充屏幕"按钮，图像将填满屏幕。

图 2-60

图 2-61

◎图像窗口的排列

当一次打开了多个图像文件时，会出现多个图像窗口，这时就需要对图像窗口进行排列。

同时打开多幅图像的效果如图 2-62 所示。按 Tab 键关闭操作界面中的工具箱和控制面板，如图 2-63 所示。

图 2-62

图 2-63

选择"窗口 > 排列 > 全部垂直拼贴"命令，图像窗口的排列效果如图2-64所示。选择"窗口 > 排列 > 全部水平拼贴"命令，图像窗口的排列效果如图2-65所示。与之类似，还可以用其他形式排列文件。

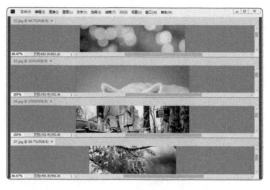

图 2-64 图 2-65

2 图像尺寸的调整

打开一幅图像。选择"图像 > 图像大小"命令，弹出"图像大小"对话框，如图2-66所示，设置各项参数，可以调整图像的大小。

图 2-66

不勾选"重新采样"复选框，改变"宽度""高度""分辨率"其中一项的数值时，另外两项的数值会相应发生改变，如图2-67所示。在"调整为"下拉列表中选择"自动分辨率"选项，弹出"自动分辨率"对话框，系统将自动调整图像的分辨率和品质，如图2-68所示。

图 2-67 图 2-68

3 画布尺寸的调整

打开一幅图像，如图 2-69 所示。选择"图像 > 画布大小"命令，弹出"画布大小"对话框，如图 2-70 所示。各项设置如图 2-71 所示。单击"确定"按钮，效果如图 2-72 所示。

图 2-69

图 2-70

调整图像在画布中的位置

设置图像周围扩展部分的颜色

图 2-71

图 2-72

4 图像位置的调整

选择移动工具 ，在属性栏中将"自动选择"设置为"图层"。选择图形"E"，如图 2-73 所示。选择图形"E"所在的图层，将其向下拖曳到适当的位置，效果如图 2-74 所示。

图 2-73

图 2-74

打开一幅图像，在其中绘制选区。将选区中的图像向字母图像中拖曳，鼠标指针将变为 形状，如图 2-75 所示。松开鼠标，选区中的图像被移动到了字母图像中，效果如图 2-76 所示。

图 2-75   图 2-76

2.3.3 任务实施

（1）打开 Photoshop CC 2019，然后打开本书云盘中的"基础素材 > Ch01 > 04"文件，如图 2-77 所示。新建两个文件，并分别将"人物 1"和"人物 2"图层复制到新建的文件中，如图 2-78 和图 2-79 所示。

图 2-77

图 2-78   图 2-79

（2）选择"窗口 > 排列 > 平铺"命令，将 3 个图像窗口在操作界面中平铺显示，如图 2-80 所示。单击"04"图像窗口的标题栏，此图像窗口将变为活动窗口。按 Ctrl+D 组合键取消选区，如图 2-81 所示。

图 2-80

图 2-81

（3）选择缩放工具<mark>Q</mark>，按住 Alt 键的同时在图像窗口中单击，使图像缩小，如图 2-82 所示。若不按住 Alt 键，在图像窗口中单击，可放大图像，如图 2-83 所示。

图 2-82

图 2-83

（4）双击抓手工具<mark>🖐</mark>，将图像窗口调整为适合屏幕的大小，如图 2-84 所示。分别保存"未标题 -1"和"未标题 -2"图像窗口中的图像。

图 2-84

03

项目3

绘制生动图画

——插画设计

随着信息时代的到来，插画设计作为视觉信息传达的重要手段，已经广泛应用到现代艺术设计领域。计算机软件技术的发展，让插画设计趋于多样化，并随着现代艺术思潮的发展而不断创新。通过本项目的学习，读者可以掌握插画的多种绘制方法和绘制技巧。

学习引导

知识目标

- 了解插画的概念与应用领域
- 掌握插画的分类

能力目标

- 熟悉插画的绘制思路和过程
- 掌握插画的绘制方法和技巧

素养目标

- 培养插画的设计能力
- 培养对插画的审美与鉴赏能力

实训任务

- 制作汽车展示插画
- 绘制风景插画

相关知识： 了解插画设计的基础知识

① 插画的概念

插画以宣传主题内容为目的，通过对主题内容进行视觉化的表现，营造出主题突出、感染力、生动性强的视觉效果。在海报、广告、杂志、说明书、图书、包装等设计中，凡是用于宣传主题内容的图画都可以称为插画。部分插画如图 3-1 所示。

图 3-1

② 插画的应用领域

插画被广泛应用于现代艺术设计的多个领域，包括互联网、出版、广告展览、公共事业、影视游戏等。部分插画如图 3-2 所示。

图 3-2

③ 插画的分类

插画种类繁多，可以分为出版物插画、商业宣传插画、卡通吉祥物插画、影视与游戏美术设计插画、艺术创作类插画。部分插画如图 3-3 所示。

图 3-3

任务 3.1　制作汽车展示插画

微课视频

制作汽车展示插画

3.1.1　任务引入

本任务要求制作一幅汽车展示插画，在制作时要注重细节的表现，给人留下深刻的印象。

3.1.2　设计理念

在该插画中，灰色与蓝色的背景营造出沉稳大气的氛围，并起到衬托画面主体的作用；冲出的汽车展示了插画的宣传主题；裂纹的设计给人以震撼感，产生了动静结合的效果；整体设计具有创意，让人印象深刻。最终效果参看本书云盘中的"Ch03 > 效果 > 制作汽车展示插画"文件，如图 3-4 所示。

图 3-4

3.1.3　任务知识：编辑图像工具和"填充"命令

① 标尺工具

选择标尺工具 [田]，或反复按 Shift+I 组合键切换至标尺工具，其属性栏如图 3-5 所示。

起始坐标　　移动的水平距离和垂直距离　　偏离的角度　　两点间的距离

绘制时另一条测量线的长度

图 3-5

❷ 裁剪工具

选择裁剪工具 ![裁剪工具图标]，其属性栏如图3-6所示。

图 3-6

❸ 注释工具

选择注释工具 ![注释工具图标]，或反复按Shift+I组合键切换至注释工具，其属性栏如图3-7所示。

图 3-7

❹ "填充"命令

选择"编辑 > 填充"命令，弹出"填充"对话框，如图3-8所示。

图 3-8

打开一幅图像，在图像窗口中绘制出选区，如图3-9所示。选择"编辑 > 填充"命令，弹出"填充"对话框，各项设置如图3-10所示。单击"确定"按钮，效果如图3-11所示。

图 3-9   图 3-10   图 3-11

提示
　　按 Alt+Delete 组合键，用前景色填充选区或图层。按 Ctrl+Delete 组合键，用背景色填充选区或图层。按 Delete 键，删除选区中的图像，露出用背景色填充的区域或该图像下层的图像。

⑤ "描边" 命令

选择 "编辑 > 描边" 命令，弹出 "描边" 对话框，如图 3-12 所示。

图 3-12

打开一幅图像，在图像窗口中绘制出选区，如图 3-13 所示。选择 "编辑 > 描边" 命令，弹出 "描边" 对话框，各项设置如图 3-14 所示。单击 "确定" 按钮，完成描边。取消选区，效果如图 3-15 所示。

图 3-13　　　　　　　　　　图 3-14　　　　　　　　　　图 3-15

在 "描边" 对话框的 "模式" 下拉列表中选择不同的描边模式，如图 3-16 所示。单击 "确定" 按钮，完成描边。取消选区，效果如图 3-17 所示。

图 3-16　　　　　　　　　　　　图 3-17

6 **定义图案**

打开一幅图像，在图像窗口中绘制出选区，如图 3-18 所示。选择"编辑 > 定义图案"命令，弹出"图案名称"对话框，如图 3-19 所示。单击"确定"按钮，定义图案。按 Ctrl+D 组合键取消选区。

图 3-18　　　　　　　　　　　　　　　　　图 3-19

选择"编辑 > 填充"命令，弹出"填充"对话框，将"内容"设置为"图案"，在"自定图案"选项面板中选择新定义的图案，如图 3-20 所示。单击"确定"按钮，效果如图 3-21 所示。

图 3-20　　　　　　　　　　　　　　　　　图 3-21

在"填充"对话框的"模式"下拉列表中选择不同的填充模式，如图 3-22 所示。单击"确定"按钮，效果如图 3-23 所示。

图 3-22　　　　　　　　　　　　　　　　　图 3-23

3.1.4　任务实施

（1）打开 Photoshop CC 2019，按 Ctrl+O 组合键，弹出"打开"对话框，打开本书云盘中的"Ch03 > 素材 > 制作汽车展示插画 > 02"文件，如图 3-24 所示。选择标尺工具 ，在图像窗口中车牌的左侧单击，确定测量的起点，向右拖曳鼠标会出现测量线，在车牌的右侧单击，确定测量的终点，如图 3-25 所示。

图 3-24　　　　　　　　　　　　　　　　　图 3-25

（2）单击属性栏中的"拉直图层"按钮，拉直图像，如图 3-26 所示。选择裁剪工具 ，在图像窗口中拉住鼠标左键不放并拖曳，绘制一个矩形裁剪框。按 Enter 键确认操作，效果如图 3-27 所示。

图 3-26　　　　　　　　　　　　　　　　　图 3-27

（3）按 Ctrl+O 组合键，弹出"打开"对话框，打开本书云盘中的"Ch03 > 素材 > 制作汽车展示插画 > 01"文件，如图 3-28 所示。将前景色设为白色。选择矩形工具 ，将属性栏中的"选择工具模式"设置为"形状"，"颜色"设置为浅红色（RGB 值分别为 255、171、171）。在图像窗口中绘制一个矩形，如图 3-29 所示。

图 3-28　　　　　　　　　　　　　　　　　图 3-29

（4）单击"图层"控制面板下方的"添加图层样式"按钮 ，在弹出的菜单中选择"内阴影"命令，在弹出的"图层样式"对话框中进行设置，如图 3-30 所示。单击"确定"按钮，效果如图 3-31 所示。

（5）选择移动工具 ⊹，将"02"图像拖曳到"01"图像窗口中，并调整其大小和位置，效果如图 3-32 所示。"图层"控制面板中将生成一个新图层，将其命名为"画"。按 Alt+Ctrl+G 组合键创建剪贴蒙版，效果如图 3-33 所示。

图 3-30

图 3-31

图 3-32

图 3-33

（6）选择注释工具 ▣，在图像窗口中单击，弹出"注释"控制面板。在该控制面板中输入文字，如图 3-34 所示。汽车展示插画制作完成，效果如图 3-35 所示。

图 3-34

图 3-35

3.1.5　扩展实践：制作夏日沙滩插画

使用矩形选框工具、"定义图案"命令和"填充"命令制作插画的背景图案，使用"描边"命令为文字添加描边。最终效果参看本书云盘中的"Ch03 > 效果 > 制作夏日沙滩插画"
文件，如图 3-36 所示。

图 3-36

微课视频

制作夏日沙滩插画

任务 3.2 绘制风景插画

微课视频

绘制风景插画

3.2.1 任务引入

本任务要求绘制一幅风景插画，要表现出风景插画独特的魅力，设计精美，元素搭配适
宜，整体美观协调。

3.2.2 设计理念

该插画以天空作为背景，蓝天与白云能让人心情舒畅，
同时能起到衬托画面主体的效果；点缀的装饰物增强了画面
的活泼感，产生了动静结合的效果；气球的设计具有特色，
营造出温馨的氛围。最终效果参看本书云盘中的"Ch03 > 效
果 > 制作风景插画"文件，如图 3-37 所示。

图 3-37

3.2.3 任务知识：画笔工具和历史记录画笔工具

① 定义画笔

打开一幅图像，如图 3-38 所示。选择"编辑 > 定义画笔预设"命令，弹出"画笔名称"
对话框，如图 3-39 所示。单击"确定"按钮，成功定义画笔。

选择"背景"图层。新建图层并将其命名为"画笔"。选择画笔工具 ✐，在属性栏中单击"画
笔"右侧的下拉按钮，在弹出的画笔选项面板中选择需要的画笔形状，如图 3-40 所示。分

别按 [键和] 键调整画笔大小。在图像窗口中绘制图像，效果如图 3-41 所示。

图 3-38

图 3-39

图 3-40

图 3-41

2 **画笔工具**

选择画笔工具 ✐ ，或反复按 Shift+B 组合键切换至画笔工具，其属性栏如图 3-42 所示。

图 3-42

选择画笔工具 ✐ ，在属性栏中设置画笔的各个属性，如图 3-43 所示。在图像窗口中按住鼠标左键不放并拖曳，可以绘制出图 3-44 所示的效果。

图 3-43

图 3-44

3 **历史记录画笔工具**

历史记录画笔工具是与"历史记录"控制面板结合起来使用的，主要用于将图像的部分区域恢复到某一历史状态，以生成特殊的图像效果。

打开一张图片，如图 3-45 所示。为图片添加滤镜效果，如图 3-46 所示。此时，"历史记录"控制面板如图 3-47 所示。

图 3-45　　　　　　　　　　图 3-46　　　　　　　　　　图 3-47

选择椭圆选框工具 ◯，在属性栏中将"羽化"设置为"50"，在图像上绘制一个椭圆形的选区，如图 3-48 所示。选择历史记录画笔工具 ✍，在"历史记录"控制面板中单击"打开"左侧的方框，设置历史记录画笔的"源"，方框左侧将显示出 ✍ 图标，如图 3-49 所示。

图 3-48　　　　　　　　　　　　　　图 3-49

用历史记录画笔工具 ✍ 在选区中涂抹，效果如图 3-50 所示。取消选区，效果如图 3-51 所示。此时，"历史记录"控制面板如图 3-52 所示。

图 3-50　　　　　　　　　　图 3-51　　　　　　　　　　图 3-52

4 **历史记录艺术画笔工具**

历史记录艺术画笔工具和历史记录画笔工具的用法基本相同，两者的区别在于使用历史记录艺术画笔绘图时可以产生特定的艺术效果。

选择历史记录艺术画笔工具 ✍，其属性栏如图 3-53 所示。

选择一种艺术
笔触

设置用画笔绘图时
覆盖的像素范围

设置用画笔绘图时的容差

图 3-53

打开一张图片，如图 3-54 所示。填充图片，效果如图 3-55 所示。此时，"历史记录"
控制面板如图 3-56 所示。

图 3-54   图 3-55   图 3-56

在"历史记录"控制面板中单击"打开"左侧的方框，设置历史记录艺术画笔的"源"，
方框左侧将显示出 ✍ 图标，如图 3-57 所示。选择历史记录艺术画笔工具 ✍，在属性栏中进
行设置，如图 3-58 所示。

图 3-57   图 3-58

使用历史记录艺术画笔工具 ✍ 在图像上涂抹，效果如图 3-59 所示。此时，"历史记录"
控制面板如图 3-60 所示。

图 3-59   图 3-60

⑤ "历史记录"控制面板

选择"窗口 > 历史记录"命令，弹出"历史记录"控制面板，如图 3-61 所示。用户在
这里可以将进行过多次操作的图像恢复到任一历史状态，即所谓的"多次恢复"。单击控制
面板右上方的 ≡ 图标，会弹出相关命令，如图 3-62 所示，选择相关命令也可进行恢复操作。

图 3-61

图 3-62

6　恢复到上一步操作

用户在编辑图像的过程中可以随时将图像恢复到上一步操作中的状态，也可以将图像还原为恢复前的效果。选择"编辑 > 还原"命令，或按 Ctrl+Z 组合键，可以恢复到上一步操作。如果想将图像还原为恢复前的效果，按 Ctrl+Z 组合键即可。

7　去色

选择"图像 > 调整 > 去色"命令，或按 Shift+Ctrl+U 组合键，可以去掉图像中的色彩，使图像变为灰度图，但图像的色彩模式并不会改变。"去色"命令也可以对选区中的图像使用，将为选区中的图像去色。

8　"风格化"滤镜

"风格化"滤镜可以产生各种风格的效果，帮助用户模拟真实艺术手法进行创作。"风格化"滤镜命令的子菜单如图 3-63 所示。使用不同滤镜制作出的效果如图 3-64 所示。

图 3-63

原图

查找边缘

等高线

风

浮雕效果

扩散

拼贴

曝光过度

凸出

油画

图 3-64

3.2.4 任务实施

（1）打开 Photoshop CC 2019，按 Ctrl+O 组合键，弹出"打开"对话框，打开本书云盘中的"Ch03 > 素材 > 制作风景插画 > 01、02"文件，"01"图像如图 3-65 所示。激活"02"图像窗口，在按住 Ctrl 键的同时，单击"图层 0"的缩览图，将在"02"图像中生成选区，如图 3-66 所示。

（2）选择矩形选框工具 ⬚，在属性栏中单击"从选区减去"按钮 ⬚，在气球的下方绘制一个矩形选区，减去图像与选区相交的区域，效果如图 3-67 所示。

图 3-65   图 3-66   图 3-67

（3）选择"编辑 > 定义画笔预设"命令，弹出"画笔名称"对话框。在"名称"文本框中输入"气球"，如图 3-68 所示。单击"确定"按钮，将气球图像定义为画笔形状。按 Ctrl+D 组合键取消选区。选择移动工具 ⊕，将"02"图像拖曳到"01"图像窗口中的适当位置，效果如图 3-69 所示。

图 3-68   图 3-69

（4）按 Ctrl+T 组合键，图像周围会出现变换框，向变换框内侧拖曳右下角的控制手柄，等比例缩小图片。按 Enter 键确认操作，效果如图 3-70 所示。"图层"控制面板中将生成一个新的图层，将其命名为"气球"，如图 3-71 所示。

（5）按 Ctrl+O 组合键，弹出"打开"对话框，打开本书云盘中的"Ch03 > 素材 > 制作风景插画 > 03"文件。选择移动工具 ⊕，将"03"图像拖曳到"01"图像窗口中的适当位置，效果如图 3-72 所示。在"图层"控制面板中创建一个新的图层，将其命名为"热气球"，如图 3-73 所示。

图 3-70

图 3-71

图 3-72

图 3-73

（6）单击"图层"控制面板下方的"创建新图层"按钮，创建一个新的图层，将其命名为"气球2"。将前景色设置为紫色（170、105、250）。选择画笔工具，在属性栏中单击"画笔"右侧的下拉按钮，在弹出的画笔选项面板中选择需要的画笔形状，选择刚才定义的"气球"画笔，其余设置如图 3-74 所示。

（7）在属性栏中单击"启用喷枪模式"按钮，在图像窗口中按住鼠标左键不放并拖曳鼠标，绘制一个气球。按 [键和] 键调整画笔大小，再绘制一个气球，效果如图 3-75 所示。将前景色设置为蓝色（105、182、250）。使用相同的方法绘制其他气球，效果如图 3-76 所示。

图 3-74

图 3-75

图 3-76

（8）将前景色设置为白色。选择横排文字工具，在适当的位置输入需要的文字并选择文字，在属性栏中选择合适的字体并设置文字大小，效果如图 3-77 所示。"图层"控制面板中将生成一个新的文字图层，如图 3-78 所示。风景插画绘制完成，效果如图 3-79 所示。

图 3-77

图 3-78

图 3-79

3.2.5 扩展实践：制作人物浮雕插画

使用新建快照命令、图层的不透明度和历史记录艺术画笔工具制作油画效果，使用去色命令调整图片的颜色，使用混合模式选项和浮雕效果滤镜命令为图片添加浮雕效果。最终效果参看云盘中的"Ch03 > 效果 > 制作人物浮雕插画"，如图 3-80 所示。

图 3-80

微课视频

制作卡通插画

任务 3.3 项目演练——绘制趣味音乐插画

微课视频

绘制趣味音乐
插画

3.3.1 任务引入

本任务要求制作一幅趣味音乐插画，要突出趣味音乐的特点，体现出音乐带给人们的乐趣。

3.3.2 设计理念

该插画以音乐元素为主要内容，卡通元素为辅助元素，增强了画面的趣味性；合理的元素与色彩搭配，使画面协调美观，体现出音乐独特的魅力。最终效果参看本书云盘中的"Ch03 > 效果 > 绘制趣味音乐插画"文件，如图 3-81 所示。

图 3-81

项目4

制作电商广告
——Banner设计

04

Banner是电商企业用来提高产品转化率的重要手段，它将直接影响用户是否购买产品或参加活动，因此Banner的设计对产品及UI，乃至运营来说至关重要。通过本项目的学习，读者可以掌握Banner的设计方法和制作技巧。

🔍 学习引导

📺 知识目标

- 了解 Banner 的概念
- 了解 Banner 的设计风格和版式构图

✓ 能力目标

- 熟悉 Banner 的绘制思路和过程
- 掌握 Banner 的绘制方法和技巧

📝 素养目标

- 培养 Banner 的设计能力
- 培养对 Banner 的审美与鉴赏能力

📊 实训任务

- 制作时尚彩妆类电商 Banner
- 制作箱包 App 首页 Banner

相关知识： 了解 Banner 设计的基础知识

① Banner 的概念

Banner 是网络广告中的常用元素，常用于 Web 页面、App 界面或户外展示海报中。部分 Banner 如图 4-1 所示。

图 4-1

② Banner 的设计风格

Banner 的设计风格丰富多样，有极简风格、插画风格、写实风格、2.5D 风格、3D 风格等。部分 Banner 如图 4-2 所示。

图 4-2

③ Banner 的版式构图

Banner 的版式构图比较丰富，常用的有左右构图、上下构图、左中右构图、上中下构图、对角线构图、十字形构图和包围形构图。左中右构图的 Banner 如图 4-3 所示。

图 4-3

任务 4.1 制作时尚彩妆类电商 Banner

制作时尚彩妆类
电商 Banner

4.1.1 任务引入

阿奢玛是一个涉及护肤、彩妆、香水等多个产品领域的护肤品牌。该公司计划推出"迷人彩妆"系列产品，需设计一款用于线上宣传的 Banner，要求设计符合年轻人的喜好，突出产品特色。

4.1.2 设计理念

该 Banner 以产品实物为主体，并用插画元素来装饰画面；画面中的色彩明亮鲜艳，使人产生愉悦感；画面的版式活而不散，充满青春气息。最终效果参看本书云盘中的"Ch04> 效果 > 制作时尚彩妆类电商 Banner"文件，如图 4-4 所示。

图 4-4

4.1.3 任务知识：绘制和编辑选区

① 矩形选框工具

选择矩形选框工具 ⬚，或反复按 Shift+M 组合键切换至矩形选框工具，其属性栏如图 4-5 所示。

运算按钮　设置选区边界的羽化程度　选择选区类型　创建或调整选区

羽化：0 像素　消除锯齿　样式：正常　宽度：　高度：　选择并遮住…

正常
固定比例
固定大小

图 4-5

选择矩形选框工具 ⬚，在图像中的适当位置按住鼠标左键不放，向右下方拖曳，绘制出矩形选区。松开鼠标，矩形选区绘制完成，如图 4-6 所示。若按住 Shift 键，在图像中可以绘制出正方形选区，如图 4-7 所示。

② 椭圆选框工具

选择椭圆选框工具 ⬚，或反复按 Shift+M 组合键切换至椭圆选框工具，其属性栏如图 4-8 所示。其属性栏和矩形选框工具的属性栏相同，这里不再赘述。

图 4-6　　　　　　　　　　　　　　　　图 4-7

图 4-8

　　选择椭圆选框工具 ⊙，在图像中的适当位置按住鼠标左键不放并拖曳，绘制出椭圆形的选区。松开鼠标，椭圆形选区绘制完成，如图 4-9 所示。若按住 Shift 键，在图像中可以绘制出圆形选区，如图 4-10 所示。

图 4-9　　　　　　　　　　　　　　　　图 4-10

③ 套索工具

　　选择套索工具 ♀，或反复按 Shift+L 组合键切换至套索工具，其属性栏如图 4-11 所示。

图 4-11

　　选择套索工具 ♀，在图像中的适当位置按住鼠标左键不放并拖曳，在图像周围进行绘制，如图 4-12 所示。松开鼠标，绘制的区域自动闭合并生成选区，效果如图 4-13 所示。

图 4-12　　　　　　　　　　　　　　　　图 4-13

④ **多边形套索工具**

选择多边形套索工具📐，在图像中单击设置选区的起点，依次单击设置选区的其他点，效果如图 4-14 所示。将鼠标指针移回起点，鼠标指针变为📐形状，如图 4-15 所示。单击即可封闭选区，效果如图 4-16 所示。

图 4-14   图 4-15   图 4-16

在使用多边形套索工具📐绘制选区时，按 Enter 键，可封闭选区；按 Esc 键，可取消选区；按 Delete 键，可删除刚刚单击创建的选区点。

⑤ **磁性套索工具**

选择磁性套索工具📐，或反复按 Shift+L 组合键切换至磁性套索工具，其属性栏如图 4-17 所示。

图 4-17

选择磁性套索工具📐，在图像中的适当位置按住鼠标左键不放，围绕所选图像的边缘拖曳，磁性轨迹会紧贴所选图像，如图 4-18 所示。将鼠标指针移回起点，如图 4-19 所示。单击即可封闭选区，效果如图 4-20 所示。

图 4-18   图 4-19   图 4-20

在使用磁性套索工具📐绘制选区时，按 Enter 键，可封闭选区；按 Esc 键，可取消选区；按 Delete 键，可删除刚刚单击创建的选区点。

⑥ **魔棒工具**

选择魔棒工具📐，或反复按 Shift+W 组合键切换至魔棒工具，其属性栏如图 4-21 所示。

图 4-21

选择魔棒工具 ，在图像中单击需要选择的颜色区域，即可得到需要的选区，如图 4-22 所示。调整属性栏中的容差值，单击需要选择的颜色区域，不同容差值的选区效果如图 4-23 所示。

图 4-22　　　　　　　　　　　图 4-23

⑦ 羽化选区

在图像中绘制选区，如图 4-24 所示。选择"选择 > 修改 > 羽化"命令，弹出"羽化选区"对话框，在其中设置"羽化半径"，如图 4-25 所示。单击"确定"按钮，羽化选区。按 Shift+Ctrl+I 组合键，反选选区，如图 4-26 所示。

图 4-24　　　　　　　　图 4-25　　　　　　　　图 4-26

在选区中填充颜色后，取消选区，效果如图 4-27 所示。还可以在绘制选区前，在所用工具的属性栏中直接输入羽化的像素值，如图 4-28 所示。此时，绘制的选区自动变成带有羽化边缘的选区。

图 4-27　　　　　　　　　　　　图 4-28

⑧ 取消选区

选择"选择 > 取消选择"命令，或按 Ctrl+D 组合键，可以取消选区。

⑨ 快速选择工具

选择快速选择工具 ，其属性栏如图 4-29 所示。勾选"自动增强"复选框，可以调整绘制的选区边缘的粗糙度。单击"选择主体"按钮可以自动为图像中最突出的部分创建选区。

单击"画笔"右侧的下拉按钮，弹出画笔选项面板，如图4-30所示，在其中可以设置画笔的大小、硬度、间距、角度和圆度。

图4-29   图4-30

4.1.4 任务实施

（1）打开 Photoshop CC 2019，按 Ctrl+O 组合键，弹出"打开"对话框，打开本书云盘中的"Ch04 > 素材 > 制作时尚彩妆类电商 Banner > 02"文件，如图4-31所示。选择矩形选框工具，在"02"图像窗口中按住鼠标左键不放，沿着化妆品盒的边缘拖曳，绘制选区，如图4-32所示。

图4-31   图4-32

（2）按 Ctrl+O 组合键，弹出"打开"对话框，打开本书云盘中的"Ch04 > 素材 > 制作时尚彩妆类电商 Banner > 01"文件，如图4-33所示。选择移动工具，将"02"图像窗口的选区中的图像拖曳到"01"图像窗口中的适当位置，如图4-34所示。"图层"控制面板中将生成一个新图层，将其命名为"化妆品1"。

图4-33   图4-34

（3）按 Ctrl+T 组合键，图像周围会出现变换框，将鼠标指针移至变换框控制手柄的外侧，鼠标指针将变为旋转图标↰。按住鼠标左键不放并拖曳，将图像旋转到适当的角度。按Enter键确认操作，效果如图4-35所示。

图4-35

（4）选择椭圆选框工具○，按住Shift键的同时，在"02"图像窗口中按住鼠标左键不放，沿着化妆品边缘拖曳，绘制圆形选区，如图4-36所示。选择移动工具⊕，将"02"图像窗口的选区中的图像拖曳到"01"图像窗口中的适当位置，如图4-37所示。"图层"控制面板中将生成一个新图层，将其命名为"化妆品2"。

图4-36

图4-37

（5）选择多边形套索工具◹，在"02"图像窗口中沿着化妆品边缘单击绘制选区，如图4-38所示。选择移动工具⊕，将"02"图像窗口的选区中的图像拖曳到"01"图像窗口中的适当位置，如图4-39所示。"图层"控制面板中将生成一个新图层，将其命名为"化妆品3"。

图4-38

图4-39

（6）按Ctrl+O组合键，弹出"打开"对话框，打开本书云盘中的"Ch04 > 素材 > 制作时尚彩妆类电商Banner > 03"文件。选择魔棒工具✐，在"03"图像窗口中的背景区域单击，化妆品图像周围会生成选区，如图4-40所示。按Shift+Ctrl+I组合键，反选选区，如图4-41所示。

（7）选择移动工具⊕，将"03"图像窗口的选区中的图像拖曳到"01"图像窗口中的适当位置，如图4-42所示。"图层"控制面板中将生成一个新图层，将其命名为"化妆品4"。

图 4-40

图 4-41

图 4-42

（8）按 Ctrl+O 组合键，弹出"打开"对话框，打开本书云盘中的"Ch04 > 素材 > 制作时尚彩妆类电商 Banner > 04、05"文件。选择移动工具，将刚打开的图像分别拖曳到"01"图像窗口中的适当位置，效果如图 4-43 所示。"图层"控制面板中将生成两个新图层，将两个新图层分别命名为"云 1"和"云 2"。

（9）选择"云 1"图层，如图 4-44 所示。将该图层拖曳到"化妆品 1"图层的下方，如图 4-45 所示。"01"图像窗口中的效果如图 4-46 所示。时尚彩妆类电商 Banner 制作完成。

图 4-43

图 4-44

图 4-45

图 4-46

4.1.5 　扩展实践：制作家装网站首页 Banner

使用移动工具移动素材，使用矩形选框工具和椭圆选框工具绘制阴影，使用图层样式为图片添加特殊效果；使用矩形工具、横排文字工具、直排文字工具和"字符"控制面板添加品牌及活动信息。最终效果参看本书云盘中的"Ch04 > 效果 > 制作家装网站首页 Banner"文件，如图 4-47 所示。

图 4-47

任务 4.2　制作箱包 App 首页 Banner

4.2.1　任务引入

本任务要求制作箱包 App 首页 Banner。该 App 是箱包销售平台，消费对象是年轻群体。要求设计在展现出产品特色的同时，突出产品的优惠力度。

4.2.2　设计理念

该 Banner 使用纯色背景营造出清新的氛围；主体图片与背景、主题紧密结合，宣传主题令人一目了然；画面的整体色调富有朝气，给人青春洋溢的感觉；文字醒目突出，强化了宣传效果。最终效果参看本书云盘中的"Ch04 > 效果 > 制作箱包 App 首页 Banner"文件，如图 4-48 所示。

图 4-48

4.2.3　任务知识：钢笔工具

1　钢笔工具

选择钢笔工具 ，或反复按 Shift+P 组合键切换至钢笔工具，其属性栏如图 4-49 所示。

图 4-49

在按住 Shift 键创建锚点时，将以 45° 或 45° 的倍数绘制路径。按住 Alt 键，当鼠标指针移到锚点上时，钢笔工具 将转换为转换点工具 。按住 Ctrl 键，钢笔工具 将转换为

直接选择工具 。

（1）绘制直线。

新建一个文件，选择钢笔工具 ，在属性栏的"选择工具模式"下拉列表中选择"路径"选项，绘制路径；如果选择"形状"选项，则绘制出的是形状图层。勾选"自动添加 / 删除"复选框，可以在选择的路径上自动添加或删除锚点。

在图像中的任意位置单击，创建锚点，将鼠标指针移动到其他位置并单击，创建第 2 个锚点，两个锚点之间会自动生成直线，如图 4-50 所示。将鼠标指针移动到其他位置并单击，创建第 3 个锚点，第 2 个锚点和第 3 个锚点之间将生成一条直线，如图 4-51 所示。

（2）绘制曲线。

选择钢笔工具 ，单击创建新的锚点后按住鼠标左键不放并拖曳，创建曲线段和曲线锚点，如图 4-52 所示。释放鼠标，在按住 Alt 键的同时，单击刚创建的曲线锚点，如图 4-53 所示，将其转换为直线锚点。在其他位置单击创建下一个锚点，在曲线段后面绘制出直线，如图 4-54 所示。

图 4-50 　　　　　　　　　　　　　　　图 4-51

图 4-52 　　　　　　　　图 4-53 　　　　　　　　图 4-54

② 添加锚点工具

将鼠标指针移动到创建好的路径上，若当前此处没有锚点，则钢笔工具 将转换成添加锚点工具 ，如图 4-55 所示。在路径上单击可以添加一个锚点，效果如图 4-56 所示。

图 4-55 　　　　　　　　　　　　　　　图 4-56

　　将鼠标指针移动到创建好的路径上，若当前此处没有锚点，则钢笔工具 🖊 将转换成添加锚点工具 🖊 ，如图4-57所示。单击添加锚点后按住鼠标左键不放并向上拖曳，可以创建曲线段和曲线锚点，效果如图4-58所示。

图4-57　　　　　　　　　　　　　　　图4-58

③ 删除锚点工具

　　将鼠标指针移到直线路径的锚点上，钢笔工具 🖊 将转换成删除锚点工具 🖊 ，如图4-59所示。单击锚点可将其删除，效果如图4-60所示。

图4-59　　　　　　　　　　　　　　　图4-60

　　将鼠标指针移到曲线路径的锚点上，钢笔工具 🖊 将转换成删除锚点工具 🖊 ，如图4-61所示。单击锚点可将其删除，效果如图4-62所示。

图4-61　　　　　　　　　　　　　　　图4-62

④ 转换点工具

　　使用钢笔工具 🖊 在图像中绘制三角形路径，如图4-63所示。当要闭合路径时，鼠标指针将变为 🖊 形状，单击即可闭合路径，完成三角形路径的绘制，如图4-64所示。
　　选择转换点工具 ⊾ ，将鼠标指针移到三角形左上角的锚点上，如图4-65所示。在锚点上按住鼠标左键不放并向右上方拖曳，得到曲线锚点，如图4-66所示。使用相同的方法将三角形的其他锚点转换为曲线锚点，如图4-67所示。绘制完成后，路径效果如图4-68所示。

⑤ 路径与选区的转换

　　（1）将选区转换为路径。在图像中绘制选区，如图4-69所示。单击"路径"控制面板

右上方的 ≡ 图标，在弹出的菜单中选择"建立工作路径"命令，弹出"建立工作路径"对话框。"容差"文本框用于设置转换时的误差值，数值越小越精确，路径上的关键点也越多。如果要编辑生成的路径，则此处设置的"容差"值最好为 2，如图 4-70 所示。单击"确定"按钮，将选区转换为路径，效果如图 4-71 所示。

图 4-63   图 4-64   图 4-65

图 4-66   图 4-67   图 4-68

图 4-69   图 4-70   图 4-71

单击"路径"控制面板下方的"从选区生成工作路径"按钮 ◇，也可以将选区转换为路径。

（2）将路径转换为选区。在图像中创建路径，单击"路径"控制面板右上方的 ≡ 图标，在弹出的菜单中选择"建立选区"命令，弹出"建立选区"对话框，如图 4-72 所示。在对话框中设置完成后，单击"确定"按钮，将路径转换为选区，效果如图 4-73 所示。

图 4-72

图 4-73

单击"路径"控制面板下方的"将路径作为选区载入"按钮■，也可以将路径转换为选区。

4.2.4 任务实施

（1）打开 Photoshop CC 2019，按 Ctrl+O 组合键，弹出"打开"对话框，打开本书云盘中的"Ch04 > 素材 > 制作箱包 App 首页 Banner > 01"文件，如图 4-74 所示。选择钢笔工具 ∅，在属性栏的"选择工具模式"下拉列表中选择"路径"选项，在图像窗口中沿着实物轮廓绘制路径，如图 4-75 所示。

图 4-74

图 4-75

（2）按住 Ctrl 键，钢笔工具 ∅ 将转换为直接选择工具 ▶，如图 4-76 所示。拖曳路径上的锚点来改变路径的弧度，如图 4-77 所示。

图 4-76

图 4-77

（3）将鼠标指针移动到路径上，钢笔工具 ∅ 将转换为添加锚点工具 ∅，如图 4-78 所示。在路径上单击添加锚点，如图 4-79 所示。按住 Ctrl 键，钢笔工具 ∅ 将转换为直接选择工具 ▶，拖曳路径上的锚点来改变路径的弧度，如图 4-80 所示。

图 4-78

图 4-79

图 4-80

（4）用相同的方法调整路径，效果如图 4-81 所示。单击属性栏中的"路径操作"按钮 ◻，在弹出的下拉列表中选择"排除重叠形状"选项，在适当的位置绘制多个路径，如图 4-82 所示。按 Ctrl+Enter 组合键，将路径转换为选区，如图 4-83 所示。

图 4-81

图 4-82

图 4-83

（5）按 Ctrl+N 组合键，弹出"新建文档"对话框，在其中设置"宽度"为"750 像素"、"高度"为"200 像素"、"分辨率"为"72 像素 / 英寸"、"颜色模式"为"RGB"、"背景内容"为浅蓝色（232、239、248）。单击"创建"按钮，新建文件。

（6）选择移动工具 ⊕，将选区中的图像拖曳到新建的图像窗口中，如图 4-84 所示。"图层"控制面板中将生成一个新的图层，将其命名为"包包"。按 Ctrl+T 组合键，图像周围会出现变换框，按住鼠标左键不放并拖曳鼠标，调整图像的大小和位置。按 Enter 键确认操作，效果如图 4-85 所示。

图 4-84

图 4-85

（7）新建一个图层并将其命名为"投影"。选择椭圆选框工具 ○，在属性栏中将"羽化"设置为"5"，在图像窗口中按住鼠标左键不放并拖曳，绘制椭圆形选区。按 Alt+Delete 组合键，用前景色填充选区中的图像。按 Ctrl+D 组合键，取消选区，效果如图 4-86 所示。在"图层"控制面板中，将"投影"图层拖曳到"包包"图层的下方，效果如图 4-87 所示。

图 4-86

图 4-87

（8）选择"包包"图层。按 Ctrl+O 组合键，弹出"打开"对话框，打开本书云盘中的"Ch04 > 素材 > 制作箱包 App 首页 Banner > 02"文件。选择移动工具 ⊕，将"02"图像窗口的选区中的图像拖曳到"01"图像窗口中的适当位置，如图 4-88 所示。"图层"控制面板中将生成一个新图层，将其命名为"文字"。箱包 App 首页 Banner 制作完成。

图 4-88

4.2.5   扩展实践：制作箱包饰品类网站首页 Banner

使用钢笔工具和添加锚点工具绘制路径，使用选区和路径的转换命令进行相应的转换操作，使用横排文字工具添加文字，使用矩形工具绘制装饰矩形。最终效果参看本书云盘中的"Ch04 > 效果 > 制作箱包饰品类网站首页 Banner"文件，如图 4-89 所示。

图 4-89

微课视频

制作箱包饰品类
网站首页 Banner

任务 4.3   项目演练——制作家电类网店 Banner

4.3.1   任务引入

微课视频

制作家电类网店
Banner

本任务是为一家综合性电器销售网站要针对近期推出的优惠活动制作一款网店 Banner，以吸引更多的顾客。

4.3.2   设计理念

该 Banner 使用明亮的背景色，给人轻快、愉悦的感觉；以电器图片为主要元素，突显出宣传主体；文字醒目突出，能吸引人们的视线；整体设计简洁大方，能够清晰地传递宣传信息。最终效果参看本书云盘中的"Ch04 > 效果 > 制作家电类网店 Banner"文件，如图 4-90 所示。

图 4-90

05

项目5

制作手机界面

——App设计

　　界面是App设计中最重要的部分之一，将最终呈现给用户。App界面设计是涉及版面布局、颜色搭配等的综合性工作。通过本项目的学习，读者可以对App界面设计有基本的认识，并掌握制作App常用界面的规范和方法。

🔍 学习引导

🖥 知识目标

- 了解 App 的概念
- 掌握 App 的设计流程和分类

📋 能力目标

- 熟悉 App 界面的制作思路和过程
- 掌握 App 界面的制作方法和技巧

📝 素养目标

- 培养 App 界面的设计能力
- 培养对 App 界面的审美与鉴赏能力

📊 实训任务

- 制作时尚娱乐 App 的引导界面
- 制作旅游 App 的登录界面

相关知识：了解 App 设计的基础知识

1 App 的概念

App 是"Application"的缩写，一般指智能手机的第三方应用程序。部分 App 界面如图 5-1 所示。用户主要从应用商店下载 App，比较常用的应用商店有 App Store、华为应用市场等。应用程序的运行与操作系统密不可分，目前市场上主要的智能手机操作系统有苹果公司的 iOS 和谷歌公司的 Android 系统。对 UI 设计师而言，要进行 App 界面设计工作，需要学习这两大操作系统的界面设计知识。

图 5-1

2 App 的设计流程

App 设计可以按照分析调研、交互设计、交互自查、界面设计、界面测试、设计验证的步骤进行，如图 5-2 所示。

图 5-2

3 App 的分类

常用 App 的类别包括社区交友、影音娱乐、休闲娱乐、生活服务、旅游出行、电商平台、金融理财、健康医疗、学习教育、资讯阅读等。部分 App 界面如图 5-3 所示。

图 5-3

任务 5.1　制作时尚娱乐 App 的引导界面

———微课视频———

制作时尚娱乐
App 引导界面

5.1.1　任务引入

本任务要求为一个时尚娱乐 App 设计制作最新一期杂志的引导界面，要求体现出本期杂志的主题，画面简约、清新。

5.1.2　设计理念

该界面整体色调淡雅，展示文艺风格；使用人物照片素材突出了杂志主题，能更好地吸引用户；简洁的文字起到丰富画面的效果。最终效果参看本书云盘中的"Ch05 > 效果 > 制作时尚娱乐 App 的引导界面"文件，如图 5-4 所示。

图 5-4

5.1.3　任务知识："色阶"命令、"阴影/高光"命令、"色彩平衡"命令

❶ "色阶"命令

打开一张图片，如图 5-5 所示。选择"图像 > 调整 > 色阶"命令，或按 Ctrl+L 组合键，弹出"色阶"对话框，如图 5-6 所示。根据需要在对话框中进行设置，如图 5-7 所示。单击"确定"按钮，效果如图 5-8 所示。

图 5-5　　　　　　　　　　　　　　　　　　　　图 5-6

图 5-7

图 5-8

② "阴影 / 高光"命令

打开一张图片，如图 5-9 所示。选择"图像 > 调整 > 阴影 / 高光"命令，弹出"阴影 / 高光"对话框。在其中勾选"显示更多选项"复选框，其他设置如图 5-10 所示。单击"确定"按钮，效果如图 5-11 所示。

图 5-9　　　　　　　　　　图 5-10

图 5-11

③ "色彩平衡"命令

选择"图像 > 调整 > 色彩平衡"命令，或按 Ctrl+B 组合键，弹出"色彩平衡"对话框，如图 5-12 所示。根据需要在对话框中进行设置，如图 5-13 所示。单击"确定"按钮，效果如图 5-14 所示。

用于添加过渡色来平衡色彩效果

用于选择图像的阴影、中间调或高光

设置是否保持原图像的亮度

图 5-12

图 5-13

图 5-14

5.1.4 任务实施

（1）打开 Photoshop CC 2019，按 Ctrl+N 组合键，弹出"新建文档"对话框。设置"宽度"为"750 像素"、"高度"为"1334 像素"、"分辨率"为"72 像素 / 英寸"、"颜色模式"为"RGB"、"背景内容"为白色，单击"创建"按钮，新建文件。

（2）按 Ctrl+O 组合键，弹出"打开"对话框，打开本书云盘中的"Ch05 > 素材 > 制作时尚娱乐 App 的引导界面 > 01"文件。选择移动工具 ，将人物图像拖曳到新建的图像窗口中的适当位置，效果如图 5-15 所示。"图层"控制面板中将生成一个新的图层，将其命名为"人物"。

（3）选择"图像 > 调整 > 色阶"命令，在弹出的对话框中进行设置，如图 5-16 所示。单击"确定"按钮，效果如图 5-17 所示。

图 5-15 图 5-16 图 5-17

（4）选择"图像 > 调整 > 阴影 / 高光"命令，在弹出的对话框中进行设置，如图 5-18 所示。单击"确定"按钮，效果如图 5-19 所示。

（5）按 Ctrl+O 组合键，弹出"打开"对话框，打开本书云盘中的"Ch05 > 素材 > 制作时尚娱乐 App 的引导界面 > 02"文件。选择移动工具 ⊹，将"02"图像拖曳到新建的图像窗口中的适当位置，效果如图 5-20 所示。"图层"控制面板中将生成一个新的图层，将其命名为"文字"。时尚娱乐 App 的引导界面制作完成。

图 5-18　　　　　　　　　　　　图 5-19　　　　　　图 5-20

5.1.5　扩展实践：制作摩托车 App 的闪屏界面

使用"色彩平衡"命令修正偏色的照片，使用图层混合模式和"不透明度"参数制作图片的叠加效果。最终效果参看本书云盘中的"Ch05 > 效果 > 制作摩托车 App 的闪屏界面"文件，如图 5-21 所示。

图 5-21

微课视频

制作摩托车 App
的闪屏界面

任务 5.2　制作旅游 App 的登录界面

微课视频
制作旅游App
的登录界面

5.2.1　任务引入

本任务要求为一家涵盖 UI 设计、Logo 设计、VI 设计和 App 设计业务的设计公司制作一款旅游 App 的登录界面。

5.2.2　设计理念

该界面的整体颜色以白色和蓝色为主,给人以科技感和现代感;主体元素为手机登录状态图片,配合整体的设计风格,令人印象深刻。最终效果参看本书云盘中的"Ch05 > 效果 > 制作旅游 App 的登录界面"文件,如图 5-22 所示。

图 5-22

5.2.3　任务知识:绘图工具

① 矩形工具

选择矩形工具 □ ,或反复按 Shift+U 组合键切换至矩形工具,其属性栏如图 5-23 所示。

图 5-23

打开一张图片,如图 5-24 所示。在属性栏中将填充颜色设置为白色。在图像窗口中绘制矩形,效果如图 5-25 所示。"图层"控制面板如图 5-26 所示。

图 5-24

图 5-25

图 5-26

② 椭圆工具

选择椭圆工具 ◯，或反复按 Shift+U 组合键切换至椭圆工具，其属性栏如图 5-27 所示。

图 5-27

打开一张图片，在属性栏中将填充颜色设置为白色。在图像窗口中绘制椭圆形，效果如图 5-28 所示。"图层"控制面板如图 5-29 所示。

图 5-28   图 5-29

③ 圆角矩形工具

选择圆角矩形工具 ◻，或反复按 Shift+U 组合键切换至圆角矩形工具，其属性栏如图 5-30 所示。

设置圆角矩形的圆角半径

图 5-30

打开一张图片，在属性栏中将填充颜色设置为白色、"半径"设置为"40 像素"。在图像窗口中绘制圆角矩形，效果如图 5-31 所示。"图层"控制面板如图 5-32 所示。

图 5-31   图 5-32

5.2.4 任务实施

（1）打开 Photoshop CC 2019，按 Ctrl+N 组合键，弹出"新建文档"对话框，在其中设置宽度为 595 像素、高度为 842 像素、分辨率为 72 像素 / 英寸、颜色模式为 RGB、背景内容为白色。单击"创建"按钮，新建文件。将前景色设置为蓝色（117、200、212）。按 Alt+Delete 组合键，用前景色填充图层，效果如图 5-33 所示。

（2）按 Ctrl+O 组合键，弹出"打开"对话框，打开本书云盘中的"Ch05 > 素材 > 制作旅游 App 的登录界面 > 01"文件。选择移动工具 ，将"01"图像拖曳到图像窗口中的适当位置并调整其大小，效果如图 5-34 所示。"图层"控制面板中将生成一个新的图层，将其命名为"手机"。将前景色设置为蓝绿色（173、222、248）。选择矩形工具 ，将属性栏中的"选择工具模式"设置为"形状"，在图像窗口中的适当位置绘制矩形，效果如图 5-35 所示。"图层"控制面板中将生成一个新的图层"矩形 1"。

| 图 5-33 | 图 5-34 | 图 5-35 |

（3）将前景色设置为白色。选择椭圆工具 ，在按住 Shift 键的同时，在图像窗口中的适当位置绘制圆形。在属性栏中将填充颜色设置为白色，效果如图 5-36 所示。"图层"控制面板中将生成一个新的图层"椭圆 1"。选择矩形工具 ，在适当的位置绘制红色（232、56、40）和蓝灰色（54、62、72）的矩形，效果如图 5-37 所示。"图层"控制面板中将生成两个新的图层"矩形 2"和"矩形 3"。

（4）选择圆角矩形工具 ，将"半径"设置为"100 像素"，在图像窗口中的适当位置绘制圆角矩形。在属性栏中将填充颜色设置为浅灰色（239、239、239）。"图层"控制面板中将生成一个新的图层"圆角矩形 1"。单击属性栏中的"路径操作"按钮 ，在弹出的下拉列表中选择"排除重叠形状"选项，在适当的位置绘制圆角矩形，效果如图 5-38 所示。

| 图 5-36 | 图 5-37 | 图 5-38 |

（5）在"图层"控制面板中，将"圆角矩形 1"图层拖曳到"矩形 2"图层的下方，效果如图 5-39 所示。选择"矩形 3"图层，选择矩形工具 ▢，在适当的位置绘制白色和蓝绿色（117、200、212）的矩形，效果如图 5-40 所示。"图层"控制面板中将生成两个新的图层"矩形 4"和"矩形 5"。选择椭圆工具 ◯，在适当的位置绘制两个白色的椭圆形，如图 5-41 所示。"图层"控制面板中将生成两个新的图层"椭圆 2"和"椭圆 3"。

图 5-39　　　　　　　　　　图 5-40　　　　　　　　　　图 5-41

（6）选择"椭圆 3"图层，选择直接选择工具 ▸，选择椭圆形下方的锚点，按 Delete 键删除该锚点，如图 5-42 所示。选择椭圆工具 ◯，单击属性栏中的"路径操作"按钮 ▢，在弹出的下拉列表中选择"减去顶层形状"选项，在适当的位置绘制椭圆形，效果如图 5-43 所示。

（7）将前景色设置为黑色。选择横排文字工具 T，在适当的位置输入需要的文字并选择文字，在属性栏中选择合适的字体和文字大小，按 Alt+ →组合键调整字距，效果如图 5-44 所示。"图层"控制面板中将生成新的文字图层。

图 5-42　　　　　　　　　　图 5-43　　　　　　　　　　图 5-44

（8）在按住 Shift 键的同时，选择"矩形 4"和"矩形 5"图层。按 Ctrl+J 组合键，复制图层。按 Shift+Ctrl+] 组合键，将复制的图层置于顶层。选择移动工具 ✛，将复制图层中的图像拖曳到适当的位置，效果如图 5-45 所示。

（9）选择椭圆工具 ◯，在按住 Shift 键的同时，在适当的位置绘制圆形。在属性栏中将填充颜色设置为深灰色（76、73、72），效果如图 5-46 所示。"图层"控制面板中将生成一个新的图层"椭圆 4"。选择移动工具 ✛，在按住 Alt+Shift 组合键的同时，将圆形拖曳到适当的位置，复制出多个圆形，如图 5-47 所示。

图 5-45　　　　　图 5-46　　　　　图 5-47

（10）选择"矩形 3"图层，在按住 Shift 键的同时，单击"圆角矩形 1"图层，同时选择"矩形 3"图层和"圆角矩形 1"图层之间的所有图层。按 Ctrl+J 组合键，复制图层，如图 5-48 所示。按 Shift+Ctrl+] 组合键，将复制的图层置于顶层。选择移动工具，将复制图层中的图形拖曳到适当的位置，并调整其大小，效果如图 5-49 所示。将所有图形填充为白色，效果如图 5-50 所示。

图 5-48　　　　　图 5-49　　　　　图 5-50

（11）选择矩形工具，在适当的位置绘制红色（232、56、40）矩形，如图 5-51 所示。"图层"控制面板中将生成一个新的图层"矩形 6"。选择横排文字工具，在适当的位置输入需要的文字并选择文字，在属性栏中选择合适的字体和文字大小，将文字填充为白色，按 Alt+ →组合键调整字距，效果如图 5-52 所示。"图层"控制面板中将生成新的文字图层。旅游 App 的登录界面制作完成，效果如图 5-53 所示。

图 5-51　　　　　图 5-52　　　　　图 5-53

5.2.5 扩展实践：制作旅游 App 的主界面

使用移动工具移动素材图片，使用横排文字工具添加宣传文字，使用矩形工具和椭圆工具绘制装饰图形。最终效果参看本书云盘中的"Ch05 > 效果 > 制作旅游 App 的主界面"文件，如图 5-54 所示。

微课视频

制作旅游App的
主界面

图 5-54

任务 5.3　项目演练——制作运动鞋 App 的销售界面

5.3.1　任务引入

微课视频

制作运动鞋App
的销售界面

某家服饰类公司的产品包括各式男女装、运动鞋、童装等。本任务要求为该公司准备推出的一系列新款运动鞋制作 App 的销售界面，要求设计能给人清新感和活力感，促进新产品的销售。

5.3.2　设计理念

该界面的背景使用简单的几何元素进行装饰，以突出前方的宣传主体；运动鞋与文字一起构成画面主体，使画面主次分明；文字简洁清晰，使消费者能快速了解产品信息；画面色调对比强烈，能迅速吸引人们的注意。最终效果参看本书云盘中的"Ch05 > 效果 > 制作运动鞋 App 的销售界面"文件，如图 5-55 所示。

图 5-55

06

项目6

制作互动广告

——H5设计

随着移动互联网的兴起，H5逐渐成为互联网传播领域中的一种重要传播形式。H5的应用形式丰富，交互体验良好，深受设计爱好者及专业设计师的喜爱。本项目将对H5的概念、应用及类型进行系统讲解。通过本项目的学习，读者将对H5有基本的认识，有助于后续高效地进行H5的设计与制作。

学习引导

知识目标

- 了解 H5 的概念
- 了解 H5 的应用和类型

能力目标

- 熟悉 H5 的制作思路和过程
- 掌握 H5 的制作方法和技巧

素养目标

- 培养 H5 的设计能力
- 培养对 H5 的审美与鉴赏能力

实训任务

- 制作汽车工业类活动邀请 H5
- 制作中信达娱乐 H5 首页

相关知识： 了解 H5 设计的基础知识

1 H5 的概念

H5 指的是移动端上基于 HTML5 技术制作的交互动态网页，它是一种用于移动互联网的新型营销工具，通过移动平台（如微信）进行传播。部分 H5 页面如图 6-1 所示。

图 6-1

2 H5 的应用

H5 的应用形式多样，常见的应用形式有品牌宣传、产品展示、活动推广、知识分享、新闻热点、会议邀请、企业招聘、培训招生等。部分 H5 页面如图 6-2 所示。

图 6-2

3 H5 的类型

H5 可分为营销宣传、知识新闻、游戏互动及网站应用 4 类。部分 H5 页面如图 6-3 所示。

图 6-3

任务 6.1 制作汽车工业类活动邀请 H5

6.1.1 任务引入

RSO 是一个汽车品牌，该公司主要生产商务和家用轿车。本任务要求为 RSO 公司制作一个汽车工业类活动邀请 H5，要求设计突出产品特色及卖点，立足公司定位。

6.1.2 设计理念

该 H5 以实物照片为底图，具有视觉冲击力；画面主次分明，以直观醒目的方式展现出了产品的特点；画面整体风格极具现代感，令人印象深刻。最终效果参看本书云盘中的"Ch06 > 效果 > 制作汽车工业类活动邀请 H5"文件，如图 6-4 所示。

图 6-4

6.1.3 任务知识："照片滤镜"命令、"亮度/对比度"命令、"HDR 色调"命令

① **"照片滤镜"命令**

打开一张图片，如图 6-5 所示。选择"图像 > 调整 > 照片滤镜"命令，弹出"照片滤镜"对话框，如图 6-6 所示。

图 6-5　　　　　　　　　　　　　　　　　　　　　　图 6-6

　　勾选"保留明度"复选框，在进行调整时，图片的明度保持不变，效果如图 6-7 所示；取消勾选该复选框，在进行调整时，图片的明度会改变，效果如图 6-8 所示。

图 6-7

图 6-8

❷ "亮度 / 对比度"命令

　　打开一张图片，如图 6-9 所示。选择"图像 > 调整 > 亮度 / 对比度"命令，弹出"亮度 / 对比度"对话框，如图 6-10 所示。各项设置如图 6-11 所示。单击"确定"按钮，效果如图 6-12 所示。

图 6-9　　　　　　　　　　　　　　　图 6-10

图 6-11　　　　　　　　　　　图 6-12

3 "HDR 色调"命令

打开一幅图像，选择"图像 > 调整 > HDR 色调"命令，弹出"HDR 色调"对话框，如图 6-13 所示。在其中进行相关设置，单击"确定"按钮，可以改变图像高动态范围内的对比度和曝光度，效果如图 6-14 所示。

设置调整的范围和强度

调节图像的曝光度，以及其在阴影、高光部分的细节

调节图像中色彩的饱和度

显示图像直方图和调整图像色调的曲线

图 6-13　　　　　　　　　　　图 6-14

6.1.4　任务实施

（1）打开 Photoshop CC 2019，按 Ctrl+N 组合键，弹出"新建文档"对话框，在其中设置宽度为 750 像素、高度为 1206 像素、分辨率为 72 像素 / 英寸、颜色模式为 RGB、背景内容为白色。单击"创建"按钮，新建文件。

（2）按 Ctrl+O 组合键，弹出"打开"对话框，打开本书云盘中的"Ch06 > 素材 > 制作汽车工业类活动邀请 H5 > 01"文件，如图 6-15 所示。选择移动工具，将"01"图像拖曳到新建的图像窗口中的适当位置。"图层"控制面板中将生成一个新的图层，将其命名为"汽车"。

（3）选择"图像 > 调整 > 照片滤镜"命令，在弹出的对话框中进行设置，如图 6-16 所示。单击"确定"按钮，效果如图 6-17 所示。

图 6-15　　　　　　　　　图 6-16　　　　　　　　　图 6-17

（4）按 Ctrl+L 组合键，弹出"色阶"对话框，各项设置如图 6-18 所示。单击"确定"按钮，效果如图 6-19 所示。

图 6-18　　　　　　　　　　　　图 6-19

（5）选择"图像 > 调整 > 亮度 / 对比度"命令，在弹出的对话框中进行设置，如图 6-20 所示。单击"确定"按钮，效果如图 6-21 所示。

（6）按 Ctrl+O 组合键，弹出"打开"对话框，打开本书云盘中的"Ch06 > 素材 > 制作汽车工业类活动邀请 H5 > 02"文件。选择移动工具 ⊕，将"02"图像拖曳到新建的图像窗口中的适当位置，效果如图 6-22 所示。"图层"控制面板中将生成一个新的图层，将其命名为"文字"。汽车工业类活动邀请 H5 制作完成。

图 6-20　　　　　　　　　图 6-21　　　　　　　　　图 6-22

6.1.5 扩展实践：制作食品餐饮行业产品介绍 H5

使用移动工具和"HDR 色调"命令调整图像，使用横排文字工具和图层样式添加文字。最终效果参看本书云盘中的"Ch06 > 效果 > 制作食品餐饮行业产品介绍 H5"文件，如图 6-23 所示。

图 6-23

微课视频

制作食品餐饮行业产品介绍 H5

任务 6.2　制作中信达娱乐 H5 首页

6.2.1 任务引入

微课视频

制作中信达娱乐 H5 首页

中信达是一家娱乐公司，主要业务包括音乐、影视等。本任务要求为中信达公司设计制作一个娱乐 H5 首页，要求设计风格鲜明，吸引有表演梦想的青年。

6.2.2 设计理念

该 H5 首页以人物图片为主，搭配简单的文字，突出简约、时尚的风格；整体画面具有层次感和梦幻感，紧扣主题，令人印象深刻。最终效果参看本书云盘中的"Ch06 > 效果 > 制作中信达娱乐 H5 首页"文件，如图 6-24 所示。

图 6-24

6.2.3 任务知识："色相／饱和度"命令、图层的混合模式、"像素化"滤镜

① "色相／饱和度"命令

打开一张图片，如图 6-25 所示。选择"图像 > 调整 > 色相 > 饱和度"命令，或按 Ctrl+U 组合键，弹出"色相／饱和度"对话框，如图 6-26 所示。

图 6-25　　　　　　　　　　　　　　　图 6-26

"色相／饱和度"对话框中的各项设置如图 6-27 所示，单击"确定"按钮，效果如图 6-28 所示；再次打开"色相／饱和度"对话框，勾选"着色"复选框，"色相／饱和度"对话框中其他项的设置如图 6-29 所示，单击"确定"按钮，效果如图 6-30 所示。

图 6-27

图 6-28

图 6-29

图 6-30

② 图层的混合模式

图层的混合模式决定了当前图层中的图像与其下面图层中的图像以何种模式进行混合。

在"图层"控制面板中，<u>正常</u>下拉列表用于设定图层的混合模式，其中共有 27 种图层混合模式。打开图 6-31 所示的图片，"图层"控制面板如图 6-32 所示。

图 6-31 图 6-32

对"冲浪板"图层应用不同的图层混合模式，图像的不同效果如图 6-33 所示。

正常　　溶解　　变暗　　正片叠底　　颜色加深

线性加深　　深色　　变亮　　滤色　　颜色减淡

线性减淡（添加）　　浅色　　叠加　　柔光　　强光

亮光　　线性光　　点光　　实色混合　　差值

图 6-33

| 排除 | 减去 | 划分 | 色相 | 饱和度 | 颜色 | 明度 |

图 6-33（续）

③ "像素化"滤镜

"像素化"滤镜用于将图像分块或将图像平面化。"像素化"滤镜命令的子菜单如图 6-34 所示。使用不同的滤镜制作出的不同效果如图 6-35 所示。

图 6-34

| 原图 | 彩块化 | 彩色半调 | 点状化 |

| 晶格化 | 马赛克 | 碎片 | 铜板雕刻 |

图 6-35

6.2.4 任务实施

（1）打开 Photoshop CC 2019，按 Ctrl+N 组合键，弹出"新建文档"对话框，在其中设置宽度为 750 像素、高度为 1206 像素、分辨率为 72 像素 / 英寸、颜色模式为 RGB、背景内容为白色。单击"创建"按钮，新建文件。

（2）按 Ctrl+O 组合键，弹出"打开"对话框，打开本书云盘中的"Ch06 > 素材 > 制作中信达娱乐 H5 首页 > 01"文件。选择移动工具 ⊕ ，将图像拖曳到图像窗口中的适当位置，并调整其大小，效果如图 6-36 所示。"图层"控制面板中将生成一个新图层，将其命名为"人物"。

（3）按 Ctrl+J 组合键，复制"人物"图层，得到新的图层"人物 拷贝"。在"图层"控制面板中，将"人物 拷贝"图层的混合模式设为"颜色减淡"，如图 6-37 所示。图像效果如图 6-38 所示。

图 6-36   图 6-37   图 6-38

（4）选择"滤镜 > 滤镜库"命令，在弹出的对话框中进行设置，如图 6-39 所示。单击"确定"按钮，效果如图 6-40 所示。

图 6-39   图 6-40

（5）将前景色设置为白色。选择横排文字工具 T.，在适当的位置输入需要的文字并选择文字，在属性栏中选择合适的字体并设置文字大小，按 Alt+→组合键调整字距，效果如图 6-41 所示。"图层"控制面板中将生成新的文字图层。中信达娱乐 H5 首页制作完成，效果如图 6-42 所示。

图 6-41   图 6-42

6.2.5　扩展实践：制作家居装修行业杂志介绍 H5

使用"色相/饱和度"命令、"照片滤镜"命令和"色阶"命令调整图像色调，使用矩形工具、钢笔工具、直接选择工具和椭圆工具绘制装饰图形，使用横排文字工具添加文字信息，使用"置入嵌入对象"命令置入图像。最终效果参看本书云盘中的"Ch06 > 效果 > 制作家居装修行业杂志介绍 H5"文件，如图 6-43 所示。

微课视频

制作家居装修行业杂志介绍 H5

图 6-43

任务 6.3　项目演练——制作食品餐饮行业产品营销 H5

微课视频

制作食品餐饮行业产品营销 H5

6.3.1　任务引入

玫极客比萨是一家中小型快餐店，其主打菜品为比萨、意面、小食、热汤、甜品和饮品。本任务要求为玫极客比萨制作一个产品营销 H5，要求设计主题明确，风格时尚简约，能够突出主打菜品的特点。

6.3.2　设计理念

该 H5 采用多种食品元素搭配，能激发人的食欲；整体色调浓郁，让人感受到热情；文字信息醒目直观，宣传主题令人一目了然。最终效果参看本书云盘中的"Ch06 > 效果 > 制作食品餐饮行业产品营销 H5"文件，如图 6-44 所示。

图 6-44

项目7

制作宣传广告

——海报设计

07

海报是视觉设计中的主要表现形式，涵盖了图形、文字、版面、色彩等设计元素，其主题内容广泛，表现形式丰富，视觉效果突出。通过本项目的学习，读者可以掌握海报的设计方法和制作技巧。

学习引导

知识目标
- 了解海报的概念和分类
- 掌握海报的设计原则

能力目标
- 熟悉海报的绘制思路和过程
- 掌握海报的绘制方法和技巧

素养目标
- 培养海报的设计能力
- 培养对海报的审美与鉴赏能力

实训任务
- 制作摄影公众号的运营海报
- 制作招牌牛肉面海报

相关知识：了解海报设计的基础知识

1　海报的概念

海报也称"招贴"，是广告的表现形式之一，用来完成一定的信息传播任务。海报不仅能以印刷品的形式张贴在公共场合，也能以数字化的形式在数字媒体上展示。部分海报如图7-1所示。

图 7-1

2　海报的分类

海报按其用途可以分为商业海报、文化海报和公益海报等。部分海报如图7-2所示。

图 7-2

3　海报的设计原则

设计海报时应该遵循一定的原则，包括强烈的视觉冲击、精准的信息传播、独特的设计个性、悦目的美学效果等。部分海报如图7-3所示。

图 7-3

任务 7.1　制作摄影公众号的运营海报

微课视频

制作摄影公众号
的运营海报

7.1.1　任务引入

经典专业婚纱摄影公司专为新人提供多元化的优质婚纱照拍摄服务。本任务要求为该公司制作一款摄影公众号的运营海报，要求设计展现出专业的摄影技术，并给人以浪漫唯美的感觉。

7.1.2　设计理念

该海报使用纯色背景，以突出展示身穿婚纱的人物主体；字体的设计令画面更具艺术感、层次感；整体画面营造出庄重感，突出了宣传主题。最终效果参看本书云盘中的"Ch07/ 效果 / 制作摄影公众号的运营海报"文件，如图 7-4 所示。

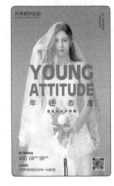

图 7-4

7.1.3　任务知识：通道与图层蒙版

① "通道"控制面板

选择"窗口 > 通道"命令，弹出"通道"控制面板，如图 7-5 所示。用户在这里可以管理所有的通道并对通道进行编辑。单击"通道"控制面板右上方的 ≡ 图标，弹出相关命令，如图 7-6 所示，使用这些命令可以对通道进行编辑。

<table>
<tr><td>将通道作为选区载入</td></tr>
<tr><td>创建新通道</td></tr>
<tr><td>将选区存储为通道</td></tr>
</table>

图 7-5   图 7-6

2 "应用图像"命令

打开一幅图像并选择该图像。选择"图像 > 应用图像"命令，弹出"应用图像"对话框，如图 7-7 所示。

图 7-7

打开素材图像，如图 7-8 和图 7-9 所示。在两幅图像的"通道"控制面板中分别建立通道蒙版，其中黑色表示被遮住的区域，如图 7-10 和图 7-11 所示。

图 7-8   图 7-9

图 7-10   图 7-11

"应用图像"对话框中的各项设置如图 7-12 所示。单击"确定"按钮，效果如图 7-13 所示。

勾选"蒙版"复选框，其余设置如图 7-14 所示。单击"确定"按钮，效果如图 7-15 所示。

图 7-12

图 7-13

图 7-14

图 7-15

提示

"应用图像"命令要求源文件与目标文件的大小必须相同，因为参与计算的两个通道内的像素是一一对应的。

③ "计算"命令

"应用图像"命令处理后的文件可作为源文件或目标文件使用；而"计算"命令处理后的文件将被存储为一个通道，如 Alpha 通道，它可转变为选区供其他工具使用。

选择"图像 > 计算"命令，弹出"计算"对话框，如图 7-16 所示。

图 7-16

"计算"对话框中的各项设置如图 7-17 所示。单击"确定"按钮，进行通道运算后的新通道如图 7-18 所示，图像效果如图 7-19 所示。

图 7-17   图 7-18   图 7-19

④ 图层蒙版

单击"图层"控制面板下方的"添加图层蒙版"按钮 ，可以创建图层蒙版，如图 7-20
所示。在按住 Alt 键的同时单击"图层"控制面板下方的"添加图层蒙版"按钮 ，可以创
建一个遮盖了全部图层的图层蒙版，如图 7-21 所示。

图 7-20   图 7-21

在图层蒙版中绘制图形，选择"图层 > 图层蒙版 > 停用"命令，或在按住 Shift 键的同
时单击"图层"控制面板中的图层蒙版缩览图，图层蒙版将被停用，如图 7-22 所示。图像
将全部显示出来，如图 7-23 所示。在按住 Shift 键的同时再次单击图层蒙版缩览图，将恢复
图层蒙版的使用，效果如图 7-24 所示。

图 7-22   图 7-23   图 7-24

选择"图层 > 图层蒙版 > 删除"命令，或在图层蒙版缩览图上单击鼠标右键，在弹出的
快捷菜单中选择"删除图层蒙版"命令，可以将图层蒙版删除。

5 "曲线"命令

"曲线"命令可以通过调整图像色彩曲线上的任意一点来改变图像的色彩范围。

打开一张图片，选择"图像 > 调整 > 曲线"命令，或按Ctrl+M组合键，弹出"曲线"对话框，如图7-25所示。在图像中单击，如图7-26所示，"曲线"对话框中的曲线上会出现一个圆圈，其对应的横坐标为色彩的输入值，纵坐标为色彩的输出值，如图7-27所示。

图 7-25

图 7-26

图 7-27

6 直线工具

选择直线工具，或反复按Shift+U组合键切换至直线工具，其属性栏如图7-28所示。直线工具的属性栏与矩形工具的属性栏类似，只增加了"粗细"属性，它用于设定直线的宽度。

图 7-28

单击属性栏中的按钮，弹出的选项面板如图7-29所示。打开一张图片，在属性栏中将填充颜色设置为白色，在图像窗口中绘制效果不同的直线，如图7-30所示。此时，"图层"控制面板如图7-31所示。

图 7-29　　　　　　　　　图 7-30　　　　　　　　　图 7-31

提示　在按住 Shift 键的同时，使用直线工具可以绘制水平或垂直的直线。

7.1.4　任务实施

（1）打开 Photoshop CC 2019，按 Ctrl+O 组合键，弹出"打开"对话框，打开本书云盘中的"Ch07 > 素材 > 制作摄影公众号的运营海报 > 01"文件，如图 7-32 所示。

（2）选择钢笔工具，在属性栏的"选择工具模式"下拉列表中选择"路径"选项，在图像窗口中沿着人物的轮廓绘制路径，绘制时要避开半透明的婚纱，如图 7-33 所示。单击属性栏中的"路径操作"按钮，在弹出的下拉列表中选择"减去顶层形状"选项，绘制路径，效果如图 7-34 所示。

图 7-32　　　　　　　　　图 7-33　　　　　　　　　图 7-34

（3）选择路径选择工具，选择绘制的路径。按 Ctrl+Enter 组合键，将路径转换为选区，效果如图 7-35 所示。单击"通道"控制面板下方的"将选区存储为通道"按钮，将选区存储为通道，如图 7-36 所示。

图 7-35　　　　　　　　　　　　　图 7-36

（4）将"红"通道拖曳到"通道"控制面板下方的"创建新通道"按钮 □ 上，复制"红"通道，如图 7-37 所示。选择钢笔工具 ◇，在图像窗口中沿着婚纱边缘绘制路径，如图 7-38 所示。按 Ctrl+Enter 组合键，将路径转换为选区，效果如图 7-39 所示。

图 7-37　　　　　　　　　　图 7-38　　　　　　　　　图 7-39

（5）将前景色设置为黑色。按 Shift+Ctrl+I 组合键，反选选区。按 Alt+Delete 组合键，用前景色填充选区。取消选区，效果如图 7-40 所示。选择"图像 > 计算"命令，在弹出的对话框中进行设置，如图 7-41 所示。单击"确定"按钮，得到新的通道图像，效果如图 7-42 所示。

图 7-40　　　　　　　　　　图 7-41　　　　　　　　　图 7-42

（6）在按住 Ctrl 键的同时，单击"Alpha 2"通道的缩览图，如图 7-43 所示。载入婚纱和人物的选区，效果如图 7-44 所示。

图 7-43

图 7-44

（7）单击"RGB"通道，显示彩色图像。单击"图层"控制面板下方的"添加图层蒙版"按钮▢，添加图层蒙版，如图 7-45 所示。抠出婚纱和人物，效果如图 7-46 所示。

图 7-45

图 7-46

（8）新建图层并将其拖曳到"图层"控制面板中图层的最下方，如图 7-47 所示。选择"图层 > 新建 > 图层背景"命令，将新建的图层设置为"背景"图层，如图 7-48 所示。

图 7-47

图 7-48

（9）选择渐变工具▣，单击属性栏中的"点按可编辑渐变"下拉列表框▄▄▄▄▄ ✓，弹出"渐变编辑器"对话框。通过"位置"文本框添加 0、50、100 这 3 个位置点，并分别设置 3 个位置点颜色的 RGB 值为（166、176、186），（180、190、200），（140、150、162），如图 7-49 所示。单击"确定"按钮，在图像窗口中按住鼠标左键不放，从上向下拖曳以填充渐变色，效果如图 7-50 所示。

（10）选择"图层 0"图层，按 Ctrl+J 组合键，复制图层，"图层"控制面板中将生成一个新的图层"图层 0 拷贝"。选择"图像 > 调整 > 亮度 / 对比度"命令，在弹出的对话框中进行设置，如图 7-51 所示。单击"确定"按钮，效果如图 7-52 所示。

图 7-49

图 7-50

图 7-51

图 7-52

（11）在"图层"控制面板中，将"图层 0 拷贝"图层的混合模式设为"柔光"，如图 7-53 所示。图像效果如图 7-54 所示。

（12）按 Ctrl+O 组合键，弹出"打开"对话框，打开本书云盘中的"Ch07 > 素材 > 制作摄影公众号的运营海报 > 02"文件。选择移动工具 ，将"02"图像拖曳到"01"图像窗口中的适当位置，效果如图 7-55 所示。"图层"控制面板中将生成一个新的图层，将其命名为"文字"。摄影公众号的运营海报制作完成。

图 7-53

图 7-54

图 7-55

7.1.5　扩展实践：制作旅游出行推广海报

使用钢笔工具绘制路径，使用"色阶"命令调整图片，使用"通道"控制面板和"计算"

命令抠出高铁，使用横排文字工具添加文字。最终效果参看本书云盘中的"Ch07 > 效果 > 制作旅游出行推广海报"文件，如图 7-56 所示。

图 7-56

微课视频

制作旅游出行
推广海报

任务 7.2　制作招牌牛肉面海报

微课视频

7.2.1　任务引入

金巧宝是一家餐饮企业，主要经营中餐。本任务要求为该企业的招牌牛肉面制作一款宣传海报，要求设计充分展现出菜品特点。

制作招牌牛肉面
海报

7.2.2　设计理念

该海报采用纯色背景与牛肉面实物照片搭配，能充分激发人的食欲，并能突出菜品的特色；字体的设计与宣传的主体相呼应，具有视觉冲击力；整体设计简洁，重点突出，能较好地起到宣传的作用。最终效果参看本书云盘中的"Ch07 > 效果 > 制作招牌牛肉面海报"文件，如图 7-57 所示。

图 7-57

7.2.3　任务知识：文字工具和"曝光度"命令

1 文字工具

选择横排文字工具 T,，或反复按 Shift+T 组合键切换至横排文字工具，其属性栏如图 7-58所示。

图 7-58

选择直排文字工具 IT，可以在图像中创建直排文字。直排文字工具的属性栏和横排文字工具的属性栏基本相同，这里不再赘述。

2 "字符"控制面板

选择"窗口 > 字符"命令，弹出"字符"控制面板，如图 7-59 所示。

图 7-59

T **T** **TT** **Tr** **T¹** **T₁** **T** **F** 按钮：从左到右依次为"仿粗体"按钮 **T**、"仿斜体"按钮 **T**、"全部大写字母"按钮 **TT**、"小型大写字母"按钮 **Tr**、"上标"按钮 **T¹**、"下标"按钮 **T₁**、"下画线"按钮 **T** 和"删除线"按钮 **F**。

3 路径文字

选择钢笔工具 ，将属性栏中的"选择工具模式"设置为"路径"，在图像中绘制一条路径，如图 7-60 所示。选择横排文字工具 **T**，将鼠标指针移至路径上，鼠标指针将变为 ⵏ 形状，如图 7-61 所示。单击路径，出现闪烁的光标，光标的位置为输入文字的起始点。输入的文字会沿着路径排列，效果如图 7-62 所示。

图 7-60　　　　　　　图 7-61　　　　　　　图 7-62

文字输入完成后，"路径"控制面板中会自动生成文字路径，如图 7-63 所示。取消"视图 / 显示额外内容"的选择状态，隐藏文字路径，效果如图 7-64 所示。

图 7-63　　　　　　　图 7-64

4 **"曝光度"命令**

打开一张图片，如图 7-65 所示。选择"图像 > 调整 > 曝光度"命令，弹出"曝光度"对话框，其中的设置如图 7-66 所示。单击"确定"按钮，效果如图 7-67 所示。

图 7-65

图 7-66

图 7-67

7.2.4 任务实施

（1）打开 Photoshop CC 2019，按 Ctrl+O 组合键，弹出"打开"对话框，打开本书云盘中的"Ch07 > 素材 > 制作招牌牛肉面海报 > 01、02"文件，如图 7-68 所示。选择移动工具 ，将"02"图像拖曳到"01"图像窗口中的适当位置，效果如图 7-69 所示。"图层"控制面板中将生成一个新的图层，将其命名为"面"。

图 7-68

图 7-69

（2）单击"图层"控制面板下方的"添加图层样式"按钮 ，在弹出的菜单中选择"投影"命令，在弹出的对话框中进行设置，如图 7-70 所示。单击"确定"按钮，效果如图 7-71 所示。

图 7-70

图 7-71

（3）选择椭圆工具 ◯，在属性栏的"选择工具模式"下拉列表中选择"路径"选项，在图像窗口中绘制椭圆形路径，效果如图 7-72 所示。

（4）将前景色设置为白色。选择横排文字工具 T.，在属性栏中选择合适的字体并设置文字大小。将鼠标指针移至椭圆形路径上，鼠标指针将变为 形状，单击会出现一个带有文字的区域，其中光标的位置为输入文字的起始点。输入需要的白色文字，效果如图 7-73 所示。"图层"控制面板中将生成新的文字图层。

图 7-72　　　　　　　　　　　图 7-73

（5）选择输入的文字，按 Ctrl+T 组合键，弹出"字符"控制面板。将 VA ☐ 设置为"-450"，其他各项设置如图 7-74 所示。按 Enter 键确认操作，效果如图 7-75 所示。

图 7-74　　　　　　　　　　　图 7-75

（6）选择文字"筋半肉面"，在属性栏中设置文字大小，效果如图 7-76 所示。在文字"肉"的右侧单击插入光标。在"字符"控制面板中，将 VA ☐ 设置为"60"，其他各项设置如图 7-77 所示。按 Enter 键确认操作，效果如图 7-78 所示。

图 7-76　　　　　　　图 7-77　　　　　　　图 7-78

（7）用相同的方法制作其他路径文字，效果如图7-79所示。按Ctrl+O组合键，弹出"打开"对话框，打开本书云盘中的"Ch07 > 素材 > 制作招牌牛肉面海报 > 03"文件。选择移动工具 ⊕ ，将"03"图像拖曳到"01"图像窗口中的适当位置，效果如图7-80所示。"图层"控制面板中将生成一个新的图层，将其命名为"筷子"。

（8）选择横排文字工具 T. ，在适当的位置输入需要的文字并选择文字，在属性栏中选择合适的字体并设置文字大小，将文字填充为浅棕色（209、192、165），效果如图7-81所示。"图层"控制面板中将生成新的文字图层。

图7-79

图7-80

图7-81

（9）选择横排文字工具 T. ，在适当的位置输入需要的文字并选择文字，在属性栏中选择合适的字体并设置文字大小，将文字填充为白色，效果如图7-82所示。"图层"控制面板中将生成新的文字图层。

（10）选择文字"订餐热线：400-78**89**"，在"字符"控制面板中，将 设置为"75"，其他各项设置如图7-83所示。按Enter键确认操作，效果如图7-84所示。

图7-82

图7-83

图7-84

（11）选择"400-78**89**"，在属性栏中选择合适的字体并设置文字大小，效果如图7-85所示。选择"**"，在"字符"控制面板中，将 A₄ 0点 设置为"-15点"，其他各项设置如图7-86所示。按Enter键确认操作，效果如图7-87所示。

（12）用相同的方法调整另一组"**"的基线偏移，效果如图7-88所示。选择横排文字工具 T. ，在适当的位置输入需要的文字并选择文字，在属性栏中选择合适的字体并设置文字大小，将文字填充为浅棕色（209、192、165），效果如图7-89所示。"图层"控制面板中将生成新的文字图层。

图7-85　　　　　　　　　图7-86　　　　　　　　　图7-87

图7-88　　　　　　　　　　　　　图7-89

（13）在"字符"控制面板中，将设置为"340"，其他各项设置如图7-90所示。按Enter键确认操作，效果如图7-91所示。

图7-90　　　　　　　　　　　　图7-91

（14）选择矩形工具▢，在属性栏的"选择工具模式"下拉列表中选择"形状"选项，将填充颜色设置为浅粉色（209、192、165）、描边颜色设置为"无颜色"。在"01"图像窗口中绘制一个矩形，效果如图7-92所示。"图层"控制面板中将生成新的图层"矩形1"。

（15）将前景色设置为黑色。选择横排文字工具 T，在适当的位置输入需要的文字并选择文字，在属性栏中选择合适的字体并设置文字大小，效果如图7-93所示。"图层"控制面板中将生成新的文字图层。

图 7-92　　　　　　　　　　　图 7-93

（16）在"字符"控制面板中，将设置为"340"，其他各项设置如图 7-94
所示。按 Enter 键确认操作，效果如图 7-95 所示。招牌牛肉面海报制作完成，效果如图 7-96
所示。

图 7-94　　　　　　　　图 7-95　　　　　　　　图 7-96

7.2.5　扩展实践：制作餐馆新品宣传海报

使用矩形工具绘制背景，使用图层样式、"色阶"命令和"曝光度"命令制作产品图片，
使用横排文字工具和圆角矩形工具制作宣传内容，使用自定形状工具绘制箭头，使用钢笔工
具和横排文字工具制作路径文字。最终效果参看本书云盘中的"Ch07 > 效果 > 制作餐馆新
品宣传海报"文件，如图 7-97 所示。

图 7-97

微课视频

制作餐馆新品宣
传海报 1

微课视频

制作餐馆新品宣
传海报 2

任务 7.3 项目演练——制作"春之韵"巡演海报

微课视频

制作"春之韵"
巡演海报

7.3.1 任务引入

"呼兰极地之光文化传播有限公司"是一家组织文化艺术交流活动、承办展览等的公司。由爱罗斯皇家芭蕾舞团演绎的"春之韵"舞台剧将在呼兰热河剧场演出，本任务要求为该舞台剧制作一款巡演海报，要求设计展现出此次巡演的主题和特色。

7.3.2 设计理念

该海报使用色彩斑斓的背景营造出富有活力且极具韵味的氛围；画面中以舞者为主体，具有视觉冲击力；醒目的文字令画面更具层次感，清晰地传达出宣传信息。最终效果参看本书云盘中的"Ch07＞效果＞制作'春之韵'巡演海报"文件，如图7-98所示。

图 7-98

项目8

制作网站页面
——网页设计

08

网页是构成网站的基本元素，网页设计是对网站页面的全方位设计。通过严谨的策划分析、合理的内容规划、成熟的创意设计，可以设计出精美的网页作品。通过本项目的学习，读者可以掌握网页的设计方法和技巧。

学习引导

知识目标

- 了解网页设计的概念
- 掌握网页设计的流程和原则

能力目标

- 熟悉网页的设计思路和过程
- 掌握网页的设计方法和技巧

素养目标

- 培养网页的设计能力
- 培养对网页的审美与鉴赏能力

实训任务

- 制作充气浮床网页
- 制作美味小吃网页

相关知识：了解网页设计的基础知识

1 网页设计的概念

网页设计是一项根据网站所有者希望向用户传递的信息进行网站功能策划，以及页面设计美化的工作。网页设计包含信息架构设计、网页图形设计、用户页面设计、用户体验设计和 Banner 设计等。部分网页效果如图 8-1 所示。

图 8-1

2 网页的设计流程

设计网页时可以按照网站策划、交互设计、交互自查、页面设计、页面测试、设计验证的步骤进行，如图 8-2 所示。

图 8-2

3 网页的设计原则

网页设计有直截了当、简化交互、足不出户、提供邀请、巧用过渡、即时反应六大原则。部分网页效果如图 8-3 所示。

图 8-3

任务 8.1 制作充气浮床网页

8.1.1 任务引入

某泳具品牌准备推出一款浮床，本任务要求为该浮床制作一个介绍网页，要求设计符合产品的宣传主题，能体现出品牌的特点。

8.1.2 设计理念

该网页通过照片层叠形式的产品展示，使画面更生动；页面颜色搭配清新自然，易让顾客产生好感；左侧的栏目分类清晰直观，方便顾客操作。最终效果参看本书云盘中的"Ch08 > 效果 > 制作充气浮床网页"文件，如图 8-4 所示。

图 8-4

8.1.3 任务知识：图层的不透明度及剪贴蒙版

1 图层的不透明度

打开一张图片，如图 8-5 所示。通过"图层"控制面板中的"不透明度"和"填充"参数可以调节图层的不透明度。"不透明度"参数用于调节图层中的图像、图层样式和图层混合模式的不透明度，调节效果如图 8-6 所示；"填充"参数用于调节图层中的图像和图层混合模式的不透明度，调节效果如图 8-7 所示。

2 剪贴蒙版

剪贴蒙版使用某个图层来遮盖其上方的图层，遮盖效果由基底图层决定。

打开一张图片，如图 8-8 所示，"图层"控制面板如图 8-9 所示。在按住 Alt 键的同时，将鼠标指针移到"旅游"图层和"形状 1"图层之间，鼠标指针将变为↓□形状，如图 8-10 所示。

图 8-5

图 8-6

图 8-7

图 8-8　　　　　图 8-9　　　　　图 8-10

单击以制作图层的剪贴蒙版，如图 8-11 所示。图像效果如图 8-12 所示。选择移动工具，移动"旅游"图层中的图像，效果如图 8-13 所示。

如果要取消剪贴蒙版，选择剪贴蒙版组中上方的图层，选择"图层 > 释放剪贴蒙版"命令，或按 Alt+Ctrl+G 组合键，即可取消剪贴蒙版。

图 8-11　　　　　图 8-12　　　　　图 8-13

8.1.4 任务实施

❶ 制作背景效果

（1）打开 Photoshop CC 2019，按 Ctrl+N 组合键，弹出"新建文档"对话框，在其中设置"宽度"为"1000 像素"、"高度"为"615 像素"、"分辨率"为"72 像素 / 英寸"、"颜色模式"为"RGB"、"背景内容"为白色。单击"创建"按钮，新建文件。

（2）按 Ctrl+O 组合键，弹出"打开"对话框，打开本书云盘中的"Ch08 > 素材 > 制作充气浮床网页＞01"文件。选择移动工具 ，将"01"图像拖曳到新建的图像窗口中，如图8-14所示。"图层"控制面板中将生成一个新的图层，将其命名为"椰子树"。

（3）在"图层"控制面板中，将"椰子树"图层的"不透明度"设置为"10%"，如图8-15所示。按Enter键确认操作，效果如图8-16所示。按Ctrl+J组合键，复制该图层，如图8-17所示。

图8-14

图8-15

图8-16

图8-17

（4）按Ctrl+T组合键，图像周围将出现变换框。按住鼠标左键不放并拖曳控制手柄，等比例缩小图像，并将其拖曳到适当的位置。按Enter键确认操作，效果如图8-18所示。

（5）按Ctrl+O组合键，弹出"打开"对话框，打开本书云盘中的"Ch08＞素材＞制作充气浮床网页＞02"文件。选择移动工具 ，将"02"图像拖曳到新建的图像窗口中，如图8-19所示。"图层"控制面板中将生成一个新的图层，将其命名为"纹理"。

图8-18

图8-19

（6）在"图层"控制面板中，将"纹理"图层的"不透明度"设置为"20%"，如图8-20所示。按Enter键确认操作，效果如图8-21所示。

图 8-20　　　　　　　　　　　　　　　　　图 8-21

② 添加装饰并美化照片

（1）按 Ctrl+O 组合键，弹出"打开"对话框，打开本书云盘中的"Ch08 > 素材 > 制作充气浮床网页 > 03、04、05"文件。选择移动工具 ，将图像分别拖曳到新建的图像窗口中的适当位置，如图 8-22 所示。"图层"控制面板中将生成新的图层，分别将它们命名为"炫彩""装饰""彩条"。

（2）选择椭圆工具 ，将属性栏中的"选择工具模式"设置为"形状"，将填充颜色设置为粉色（235、76、146），在图像窗口中绘制一个椭圆形，如图 8-23 所示。"图层"控制面板中将生成一个新的图层，将其命名为"形状 1"。

图 8-22　　　　　　　　　　　　　　　　　图 8-23

（3）选择直接选择工具 ，选择需要的锚点并将其拖曳到适当的位置，弹出提示对话框，如图 8-24 所示。单击"是"按钮，图像效果如图 8-25 所示。

图 8-24　　　　　　　　　　　　　　　　　图 8-25

（4）用相同的方法调整其他锚点，效果如图 8-26 所示。选择移动工具 ，按 Ctrl+J 组合键，复制"形状 1"图层并将其拖曳到适当的位置。双击复制图层的缩览图，弹出"拾色器（纯色）"对话框，在其中将图层颜色设置为灰色（142、142、142）。单击"确定"按钮，效果如图 8-27 所示。

图 8-26   图 8-27

（5）按 Ctrl+O 组合键，弹出"打开"对话框，打开本书云盘中的"Ch08 > 素材 > 制作充气浮床网页 > 06"文件。选择移动工具 ⊕.，将"06"图像拖曳到新建的图像窗口中的适当位置，如图 8-28 所示。"图层"控制面板中将生成一个新的图层，将其命名为"照片"。按 Alt+Ctrl+G 组合键创建剪贴蒙版，效果如图 8-29 所示。

图 8-28   图 8-29

（6）新建图层并将其命名为"阴影"。将前景色设置为黑色。选择椭圆选框工具 ◯.，在属性栏中将"羽化"设置为"5 像素"，在图像窗口中的适当位置绘制椭圆形选区，如图 8-30 所示。按 Alt+Delete 组合键，用前景色填充选区。按 Ctrl+D 组合键，取消选区，效果如图 8-31 所示。

图 8-30   图 8-31

（7）在"图层"控制面板中，将"阴影"图层的"不透明度"设置为"50%"，如图 8-32 所示。按 Enter 键确认操作，效果如图 8-33 所示。

图 8-32   图 8-33

（8）在"图层"控制面板中，将"阴影"图层拖曳到"形状1"图层的下方，如图8-34所示。图像效果如图8-35所示。

图8-34　　　　　　　　　　　图8-35

（9）在按住Shift键的同时，单击"照片"图层，同时选择"阴影"与"照片"图层之间的所有图层。按Ctrl+G组合键将图层成组，并将组名设置为"照片1"，如图8-36所示。用相同的方法美化其他照片，效果如图8-37所示。

图8-36　　　　　　　　　　　图8-37

（10）在按住Ctrl键的同时，同时选择"照片2""照片3""照片4"图层组，将它们拖曳到"照片1"图层组的下方，如图8-38所示。按Ctrl+O组合键，弹出"打开"对话框，打开本书云盘中的"Ch08 > 素材 > 制作充气浮床网页 > 10"文件。选择移动工具 ⊕ ，将"10"图像拖曳到新建的图像窗口中的适当位置，如图8-39所示。"图层"控制面板中将生成一个新的图层，将其命名为"产品"。

图8-38　　　　　　　　　　　图8-39

❸ 制作标题和导航区域

（1）选择横排文字工具 T. ，在适当的位置输入需要的文字并选择文字，在属性栏中选择合适的字体并设置文字大小，效果如图 8-40 所示。"图层"控制面板中将生成新的文字图层。选择文字，为其填充适当的颜色，效果如图 8-41 所示。

图 8-40　　　　　　　　　　　　　　　　　　　　　图 8-41

（2）选择"清"图层，单击"图层"控制面板下方的"添加图层样式"按钮 fx，在弹出的菜单中选择"描边"命令，弹出"图层样式"对话框，将描边颜色设为土黄色（229、201、58），其他设置如图 8-42 所示。单击"确定"按钮，效果如图 8-43 所示。

图 8-42　　　　　　　　　　　　　　　　　　　　　图 8-43

（3）用相同的方法为其他文字添加描边，效果如图 8-44 所示。选择横排文字工具 T，在适当的位置输入需要的文字并选择文字，在属性栏中选择合适的字体并设置文字大小，然后为文字填充适当的颜色，效果如图 8-45 所示。"图层"控制面板中将生成新的文字图层。在按住 Shift 键的同时，选择所有的文字图层，按 Ctrl+G 组合键将图层成组，并将组名设置为"Logo"。

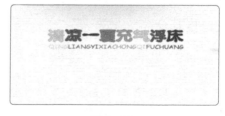

图 8-44　　　　　　　　　　　　　　　　　　　　　图 8-45

（4）选择圆角矩形工具 □，在属性栏中将填充颜色设置为蓝色（93、186、230）、"半径"设置为一个"20 像素"。在图像窗口中绘制一个圆角矩形，如图 8-46 所示。"图层"控制面板中将生成一个新的图层，将其命名为"形状 2"。

（5）选择移动工具 +，在按住 Alt 键的同时，拖曳圆角矩形到适当的位置，复制圆角矩形，效果如图 8-47 所示。按 Ctrl+T 组合键，图像周围将出现变换框，按住鼠标左键不放并拖曳控制手柄，缩小图形，按 Enter 键确认操作。将圆角矩形填充为粉色（233、79、

151），效果如图 8-48 所示。用相同的方法复制并制作出其他圆角矩形，效果如图 8-49 所示。

图 8-46

图 8-47

图 8-48

图 8-49

（6）选择横排文字工具 T，在适当的位置输入需要的文字并选择文字。按 Ctrl+T 组合键，弹出"字符"控制面板，单击"仿粗体"按钮 T，其他设置如图 8-50 所示。按 Enter 键确认操作，效果如图 8-51 所示。

图 8-50

图 8-51

（7）单击"图层"控制面板下方的"添加图层样式"按钮 fx，在弹出的菜单中选择"投影"命令，在弹出的对话框中进行设置，如图 8-52 所示。单击"确定"按钮，效果如图 8-53 所示。

图 8-52

图 8-53

④ 添加其他信息

（1）选择横排文字工具 T，在适当的位置输入需要的文字并选择文字，在属性栏中选择合适的字体并设置文字大小，单击"右对齐文本"按钮 ，效果如图8-54所示。"图层"控制面板中将生成一个新的文字图层。

（2）选择"400-55**"中的"**"，"字符"控制面板中的设置如图8-55所示。按Enter键确认操作，效果如图8-56所示。用相同的方法调整其他的"**"，效果如图8-57所示。

图 8-54   图 8-55

图 8-56   图 8-57

（3）选择横排文字工具 T，在适当的位置输入需要的文字并选择文字，在属性栏中选择合适的字体并设置文字大小，效果如图8-58所示。"图层"控制面板中将生成新的文字图层。选择"1.独立气塞……"，按Alt+↓组合键，调整行距，效果如图8-59所示。

图 8-58   图 8-59

（4）选择"产品特色"，单击"图层"控制面板下方的"添加图层样式"按钮 ，在弹出的菜单中选择"投影"命令，在弹出的对话框中进行设置，如图8-60所示。单击"确定"

按钮，效果如图 8-61 所示。用相同的方法调整其他文字，效果如图 8-62 所示。充气浮床网页制作完成，效果如图 8-63 所示。

图 8-60

图 8-61

图 8-62

图 8-63

8.1.5　扩展实践：制作妞妞的个人主页

使用图层的混合模式和"不透明度"参数实现背景的融合，使用横排文字工具添加 Logo、导航等相关信息，使用圆角矩形工具、移动工具和剪贴蒙版制作相关图形。最终效果参看本书云盘中的"Ch08 > 效果 > 制作妞妞的个人主页"文件，如图 8-64 所示。

图 8-64

微课视频

制作妞妞的个人
主页

任务 8.2   制作美味小吃网页

8.2.1   任务引入

"爱比萨"是一家小型快餐店，主打菜品为种类丰富的比萨、汉堡、甜品和饮品等。本
任务要求为该快餐店制作美味小吃网页，要求
设计主题明确，能够突出快餐店的特色。

8.2.2   设计理念

该网页以模糊的快餐店图片为背景，充满
生活气息，易使人产生亲近感；菜品分类让人
一目了然，方便操作；文字简单醒目，重点突出。
最终效果参看本书云盘中的"Ch08 > 效果 > 制
作美味小吃网页"文件，如图 8-65 所示。

图 8-65

8.2.3   任务知识："模糊"滤镜、"模糊画廊"滤镜、图层样式

1   "模糊"滤镜

"模糊"滤镜可以使图像中比较清晰或对比度高的区域产生模糊效果；此外，
也可用于制作柔和阴影。"模糊"滤镜命令的子菜单如图 8-66 所示。使用不同滤
镜制作出的不同效果如图 8-67 所示。

图 8-66

| 原图 | 表面模糊 | 动感模糊 | 方框模糊 |
| 高斯模糊 | 进一步模糊 | 径向模糊 | 镜头模糊 |

图 8-67

模糊 平均 特殊模糊 形状模糊

图 8-67（续）

2 "模糊画廊"滤镜

"模糊画廊"滤镜使用图钉或路径来控制图像，从而让图像产生模糊效果。"模糊画廊"滤镜命令的子菜单如图 8-68 所示。使用不同滤镜制作出的不同效果如图 8-69 所示。

图 8-68

场景模糊 光圈模糊

移轴模糊 路径模糊 旋转模糊

图 8-69

3 图层样式

单击"图层"控制面板下方的"添加图层样式"按钮 fx，在弹出的菜单中可选择不同的图层样式，如图 8-70 所示。应用不同图层样式制作出的不同效果如图 8-71 所示。

图 8-70

斜面和浮雕 描边 内阴影

图 8-71

内发光   光泽   颜色叠加   渐变叠加

图案叠加   外发光   投影

图 8-71（续）

在要复制图层样式的图层上单击鼠标右键，在弹出的快捷菜单中选择"拷贝图层样式"命令；然后选择要粘贴图层样式的图层，单击鼠标右键，在弹出的快捷菜单中选择"粘贴图层样式"命令，即可完成图层样式的复制操作。选择要清除图层样式的图层，单击鼠标右键，在弹出的快捷菜单中选择"清除图层样式"命令，即可将其中的图层样式清除。

8.2.4 任务实施

（1）打开 Photoshop CC 2019，按 Ctrl+N 组合键，弹出"新建文档"对话框，在其中设置宽度为 1000 像素、高度为 615 像素、分辨率为 72 像素 / 英寸、颜色模式为 RGB、背景内容为白色。单击"创建"按钮，新建文件。

（2）按 Ctrl+O 组合键，弹出"打开"对话框，打开本书云盘中的"Ch08 > 素材 > 制作美味小吃网页 > 01"文件。选择移动工具 ⊕，将"01"图像拖曳到新建的图像窗口中，如图 8-72 所示。"图层"控制面板中将生成一个新的图层，将其命名为"底图"。

图 8-72

（3）选择"滤镜 > 模糊 > 高斯模糊"命令，在弹出的对话框中进行设置，如图 8-73 所示。单击"确定"按钮，效果如图 8-74 所示。

（4）单击"图层"控制面板下方的"创建新的填充或调整图层"按钮 ❷ ，在弹出的菜单中选择"色阶"命令，"图层"控制面板中将生成"色阶1"图层，同时弹出"属性"控制面板。相关设置如图8-75所示。按Enter键确认操作，图像效果如图8-76所示。

图 8-73

图 8-74

图 8-75

图 8-76

（5）单击"图层"控制面板下方的"创建新的填充或调整图层"按钮 ❷ ，在弹出的菜单中选择"曲线"命令，"图层"控制面板中将生成"曲线1"图层，同时弹出"属性"控制面板。相关设置如图8-77所示。按Enter键确认操作，图像效果如图8-78所示。

图 8-77

图 8-78

（6）选择横排文字工具 T ，在适当的位置输入需要的文字并选择文字，在属性栏中选择合适的字体并设置文字大小，将文字填充为白色，效果如图8-79所示。"图层"控制面板中将生成新的文字图层。

（7）单击"图层"控制面板下方的"添加图层样式"按钮 fx，在弹出的菜单中选择"投影"命令，在弹出的对话框中进行设置，如图 8-80 所示。单击"确定"按钮，效果如图 8-81 所示。选择椭圆工具 ◯，将属性栏中的"选择工具模式"设置为"形状"，将填充颜色设置为黑色。在按住 Shift 键的同时，在图像窗口中绘制一个圆形，效果如图 8-82 所示。

图 8-79

图 8-80

图 8-81

图 8-82

（8）选择路径选择工具 ▶，在按住 Alt 键的同时，拖曳并复制圆形到适当的位置，效果如图 8-83 所示。用相同的方法复制多个圆形，效果如图 8-84 所示。

图 8-83

图 8-84

（9）单击"图层"控制面板下方的"添加图层样式"按钮 fx，在弹出的菜单中选择"描边"命令，弹出"图层样式"对话框，在其中将描边颜色设为白色，其他设置如图 8-85 所示。再选择"投影"命令，弹出"图层样式"对话框，其中的设置如图 8-86 所示。单击"确定"按钮，效果如图 8-87 所示。

图 8-85

图 8-86

图 8-87

（10）按 Ctrl+O 组合键，弹出"打开"对话框，打开本书云盘中的"Ch08 > 素材 > 制作美味小吃网页 > 02"文件。选择移动工具 ⊕,，将"02"图像拖曳到新建的图像窗口中，调整其位置和大小，如图 8-88 所示。"图层"控制面板中将生成一个新的图层，将其命名为"照片 1"。用相同的方法添加其他图片，并调整它们的位置和大小，效果如图 8-89 所示。

图 8-88

图 8-89

（11）在按住 Shift 键的同时，单击"照片 1"图层，同时选择所有照片图层。按 Alt+Ctrl+G 组合键创建剪贴蒙版，效果如图 8-90 所示。选择横排文字工具 T.，在适当的位置输入需要的文字并选择文字，在属性栏中选择合适的字体并设置文字大小，将文字填充为白色，效果如图 8-91 所示。"图层"控制面板中将生成新的文字图层。

图 8-90

图 8-91

（12）单击"图层"控制面板下方的"添加图层样式"按钮 *fx*，在弹出的菜单中选择"投影"命令，在弹出的"图层样式"对话框中进行设置，如图 8-92 所示。单击"确定"按钮，效果如图 8-93 所示。

图 8-92

图 8-93

（13）用相同的方法制作其他文字，效果如图 8-94 所示。在按住 Shift 键的同时，单击"形状 1"图层，将"汤"图层与"形状 1"图层之间的所有图层同时选取。按 Ctrl+G 组合键将图层打组，并将组名设置为"主体"。

（14）按 Ctrl+O 组合键，弹出"打开"对话框，打开本书云盘中的"Ch08 > 素材 > 制作美味小吃网页 > 10"文件。选择移动工具 ，将"10"图像拖曳到新建的图像窗口中，调整其位置和大小，如图 8-95 所示。"图层"控制面板中将生成一个新的图层，将其命名为"按钮"。美味小吃网页制作完成。

图 8-94

图 8-95

8.2.5　扩展实践：制作娟娟个人网站的首页

使用"高斯模糊"滤镜制作背景图片，使用矩形工具和椭圆工具绘制图形，使用横排文字工具添加相关信息，使用矩形工具、移动工具和剪贴蒙版美化照片。最终效果参看本书云盘中的"Ch08 > 效果 > 制作娟娟个人网站的首页"文件，如图 8-96 所示。

图 8-96

微课视频

制作娟娟个人网站的首页

任务 8.3　项目演练——制作家具网站首页

微课视频　　　微课视频　　　微课视频

制作家具网站首页1　　制作家具网站首页2　　制作家具网站首页3

8.3.1　任务引入

艾利佳家居是一家现代家具公司，该公司秉承传递"零压力"的生活概念，重点打造简约、时尚、现代的家居风格。为了拓展业务、扩大规模，该公司需要开发线上购物平台。本任务要求为该公司设计网站首页，要求设计符合产品的宣传主题，并能体现出公司的理念。

8.3.2　设计理念

该网站首页布局规整大气，给人以简洁直观的印象；主次分明的产品展示让人一目了然；不同棕色和白色的运用，展现出了产品的质感，同时给人以稳重的感觉。最终效果参看本书云盘中的"Ch08 > 效果 > 制作家具网站首页"文件，如图 8-97 所示。

图 8-97

项目9

制作商品包装

——包装设计

09

包装代表了一个商品的品牌形象。一个好的包装可以让商品从同类商品中脱颖而出，吸引消费者的注意并激发其购买欲望。好的包装也可以极大地提高商品的价值。通过本项目的学习，读者可以掌握包装的设计方法和技巧。

📶 学习引导

🖥 知识目标

- 了解包装的概念
- 掌握包装的分类和设计原则

📋 能力目标

- 熟悉包装的设计思路和过程
- 掌握包装的设计方法和技巧

📝 素养目标

- 培养包装的设计能力
- 培养对包装的审美与鉴赏能力

📊 实训任务

- 制作摄影图书封面
- 制作影视杂志封面
- 制作啤酒包装

相关知识: 了解包装设计的基础知识

① 包装的概念

包装的主要功能是保护商品，其次是美化商品和传递信息。要想将包装设计好，除了要遵循设计的基本原则外，还要研究消费者的心理活动，这样，包装设计才能使商品从同类商品中脱颖而出。部分包装设计如图 9-1 所示。

图 9-1

② 包装的分类

包装按商品种类可分为建材商品包装、农牧水产品商品包装、食品和饮料商品包装、轻工日用品商品包装、纺织品和服装商品包装、医药商品包装、电子商品包装等。部分商品包装设计如图 9-2 所示。

图 9-2

③ 包装设计的原则

包装设计应遵循一定的原则，包括实用经济的原则、商品信息精准传达的原则、人性化与便利的原则、表现文化和艺术性的原则、绿色环保的原则。部分商品包装设计如图 9-3 所示。

图 9-3

任务 9.1　制作摄影图书封面

微课视频

制作摄影图书
封面 1

微课视频

制作摄影图书
封面 2

微课视频

制作摄影图书
封面 3

9.1.1　任务引入

文安影像出版社是一家以出版摄影类图书为主的出版社。本任务要求为该出版社的一本摄影图书制作封面。

9.1.2　设计理念

该封面展示了不同类型的优秀摄影作品，吸引读者的注意；文字布局合理，主次分明；封底与封面相互呼应，向读者传达了图书的主要信息；整体设计大气、直观，令人印象深刻。最终效果参看本书云盘中的"Ch09 > 效果 > 制作摄影图书封面"文件，如图 9-4 所示。

图 9-4

9.1.3　任务知识：参考线和"变换"命令

❶ 参考线

将鼠标指针移至水平标尺上,按住鼠标左键不放,向下拖曳出水平的参考线,效果如图 9-5 所示。将鼠标指针移至垂直标尺上，按住鼠标左键不放，向右拖曳出垂直的参考线，效果如图 9-6 所示。

图 9-5　　　　　　　　　　　　　　　　图 9-6

选择"视图 > 显示 > 参考线"命令，可以显示或隐藏参考线。此命令只有在存在参考线的前提下才能使用。反复按 Ctrl+；组合键，也可以显示或隐藏参考线。

选择移动工具，将鼠标指针移至参考线上，鼠标指针将变为 ⇕ 形状，按住鼠标左键不放并拖曳，可以移动参考线。

选择"视图 > 锁定参考线"命令或按 Alt+Ctrl+；组合键，可以将参考线锁定。参考线锁定后不能移动。选择"视图 > 清除参考线"命令，可以将参考线清除。选择"视图 > 新建参考线"命令，弹出"新建参考线"对话框，如图 9-7 所示。在其中进行相应设置后单击"确定"按钮，图像中将出现新建的参考线。

图 9-7

提示

在实际操作过程中，要想精确地利用标尺和参考线，在设置时可以参考"信息"控制面板中的相关数值。

② 自定形状工具

选择自定形状工具，或反复按 Shift+U 组合键切换至自定形状工具，其属性栏如图 9-8 所示。其属性栏与矩形工具的属性栏类似，只增加了"形状"属性，用于选择所需的形状。

图 9-8

单击"形状"下拉按钮，弹出图 9-9 所示的形状选项面板，该面板中提供了多种不规则形状。打开一张图片，在图像窗口中绘制图形，效果如图 9-10 所示。此时，"图层"控制面板如图 9-11 所示。

图 9-9

图 9-10

图 9-11

选择钢笔工具 ，在图像窗口中绘制并填充路径，如图 9-12 所示。选择"编辑 > 定义自定形状"命令，弹出"形状名称"对话框，在"名称"文本框中输入自定义形状的名称，如图 9-13 所示。单击"确定"按钮，形状选项面板中会显示刚才定义的形状，如图 9-14所示。

图 9-12

图 9-13

③ "变换"命令

在操作过程中，可以根据设计和制作的需要变换已经绘制好的选区。

打开一张图片，选择椭圆选框工具 ，在要处理的图像上绘制选区。选择"编辑 > 自由变换"或"编辑 > 变换"命令，其子菜单如图 9-15 所示。不同命令对应的变换效果如图 9-16所示。

图 9-14

图 9-15

原图	缩放	旋转	斜切
扭曲	透视	变形	旋转 180 度
顺时针旋转 90 度	逆时针旋转 90 度	水平翻转	垂直翻转

图 9-16

9.1.4 任务实施

1 制作图书封面

（1）打开 Photoshop 2019，按 Ctrl+N 组合键，弹出"新建文档"对话框，在其中设置宽度为 35.5 像素、高度为 22.9 像素、分辨率为 300 像素/英寸、背景内容为灰色（233、233、233）。单击"创建"按钮，新建文件。

（2）选择"视图 > 新建参考线"命令，在弹出的对话框中进行设置，如图 9-17 所示。单击"确定"按钮，效果如图 9-18 所示。

图 9-17   图 9-18

（3）用相同的方法在 18.5 厘米处新建一条参考线，如图 9-19 所示。选择矩形工具 ▢，将属性栏中的"选择工具模式"设置为"形状"，将填充颜色设置为蓝绿色（171、219、219），在图像窗口中绘制一个矩形，效果如图 9-20 所示。"图层"控制面板中将生成一个新的图层"矩形 1"。

图 9-19   图 9-20

（4）按 Ctrl+O 组合键，弹出"打开"对话框，打开本书云盘中的"Ch09 > 素材 > 制作摄像图书封面 > 01"文件。选择移动工具 ，将"01"图像拖曳到图像窗口中的适当位置，效果如图 9-21 所示。"图层"控制面板中将生成一个新图层，将其命名为"照片 1"。按 Alt+Ctrl+G 组合键创建剪贴蒙版，效果如图 9-22 所示。

图 9-21   图 9-22

（5）在按住 Shift 键的同时，单击"矩形 1"图层，同时选择"矩形 1"图层和"照片 1"图层。在按住 Alt+Shift 组合键的同时，将它们拖曳到适当的位置即可复制图层，效果如图 9-23 所示。选择"照片 1 拷贝"图层，按 Delete 键，删除该图层，效果如图 9-24 所示。

（6）按 Ctrl+T 组合键，图像周围将出现变换框，将鼠标指针移至变换框下方中间的控制手柄上，按住鼠标左键不放并向上拖曳到适当的位置。用相同的方法向右拖曳变换框右侧中间的控制手柄。按 Enter 键确认操作，效果如图 9-25 所示。

图 9-23   图 9-24   图 9-25

（7）按 Ctrl+O 组合键，弹出"打开"对话框，打开本书云盘中的"Ch09 > 素材 > 制作摄像图书封面 > 02"文件。选择移动工具 ，将"02"图像拖曳到图像窗口中的适当位置，效果如图 9-26 所示。"图层"控制面板中将生成一个新图层,将其命名为"照片 2"。按 Alt+Ctrl+G 组合键创建剪贴蒙版,效果如图 9-27 所示。用相同的方法添加其他照片,效果如图 9-28 所示。

图 9-26　　　　　　　　图 9-27　　　　　　　　图 9-28

(8)选择横排文字工具 T.,在适当的位置输入需要的文字并选择文字,在属性栏中选择合适的字体并设置文字大小,效果如图 9-29 所示。"图层"控制面板中将生成新的文字图层。选择"零基础学……"文字图层,选择"窗口 > 字符"命令,弹出"字符"控制面板,其中的设置如图 9-30 所示。按 Enter 键确认操作,效果如图 9-31 所示。

(9)在按住 Ctrl 键的同时,单击"零基础学……""走进摄影世界""构图与用光""矩形 1 拷贝 5"等图层,同时选择上述图层。选择移动工具 +,单击属性栏中的"右对齐"按钮 ≡,靠右对齐文字和图形,效果如图 9-32 所示。

图 9-29

图 9-30

图 9-31　　　　　　　　　　　　　　图 9-32

(10)在按住 Ctrl 键的同时,单击"零基础学……"图层和"构图与用光"图层,同时选择这两个图层。在"字符"控制面板中,将颜色设置为橘色(255、87、9),效果如图 9-33 所示。按 Ctrl+O 组合键,弹出"打开"对话框,打开本书云盘中的"Ch09 > 素材 > 制作摄像图书封面 > 07"文件。选择移动工具 +,将"07"图像拖曳到图像窗口中的适当位置,效果如图 9-34 所示。"图层"控制面板中将生成一个新图层,将其命名为"相机"。

图9-33　　　　　　　　　　　　　　　　图9-34

（11）选择横排文字工具 T.，拖曳文本框到适当的位置，输入需要的文字并选择文字。在属性栏中选择合适的字体并设置文字大小，单击属性栏中的"右对齐文本"按钮 ，效果如图9-35所示。"图层"控制面板中将生成新的文字图层。

（12）在按住Ctrl键的同时，单击"摄影是一门……"图层和"矩形1拷贝5"图层，同时选择这两个图层。选择移动工具 ，单击属性栏中的"右对齐"按钮 ，靠右对齐文字和图形，效果如图9-36所示。

图9-35　　　　　　　　　　　　　　　　图9-36

（13）选择"摄影是一门……"图层，在"字符"控制面板中进行相关设置，如图9-37所示。按Enter键确认操作，效果如图9-38所示。

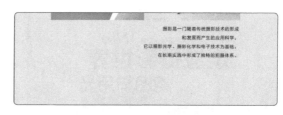

图9-37　　　　　　　　　　　　　　　　图9-38

（14）选择横排文字工具 T.，在适当的位置输入需要的文字并选择文字，在属性栏中选择合适的字体并设置文字大小，效果如图9-39所示。"图层"控制面板中将生成新的文字图层。

（15）选择矩形工具 ，在属性栏中将填充颜色设置为绿色（171、219、219），在图像窗口中绘制一个矩形，效果如图9-40所示。"图层"控制面板中将生成新的图层"矩形2"。

图9-39　　　　　　　　　　　　　　　　图9-40

（16）选择自定形状工具 ，单击属性栏中的"形状"下拉按钮 ，弹出形状选项面板。单击面板右上方的 按钮，在弹出的菜单中选择"全部"命令，弹出提示对话框，单击"确定"按钮。在形状选项面板中选择需要的形状，如图 9-41 所示。在属性栏中将填充颜色设置为黑色，在图像窗口中按住鼠标左键不放并拖曳绘制图形，如图 9-42 所示。

（17）选择横排文字工具 ，在适当的位置输入需要的文字并选择文字，在属性栏中选择合适的字体并设置文字大小，按 Alt+ →组合键调整字距，效果如图 9-43 所示。"图层"控制面板中将生成新的文字图层。

（18）在按住 Shift 键的同时，单击"矩形 1"图层，同时选择"GA"图层和"矩形 1"图层之间的所有图层。按 Ctrl+G 组合键将图层打组，并将组名设置为"封面"。

图 9-41   图 9-42   图 9-43

2 制作图书封底

（1）选择矩形工具 ，在属性栏中将填充颜色设置为灰色（170、170、170），在图像窗口中绘制一个矩形，效果如图 9-44 所示。"图层"控制面板中将生成新的图层"矩形 3"。

（2）按 Ctrl+O 组合键，弹出"打开"对话框，打开本书云盘中的"Ch09 > 素材 > 制作摄像图书封面 > 08"文件。选择移动工具 ，将"08"图像拖曳到图像窗口中的适当位置，效果如图 9-45 所示。"图层"控制面板中将生成一个新图层，将其命名为"照片 7"。按 Alt+Ctrl+G 组合键创建剪贴蒙版，效果如图 9-46 所示。

图 9-44   图 9-45   图 9-46

（3）在按住 Shift 键的同时，单击"矩形 3"图层，同时选择"矩形 3"图层和"照片 7"图层。在按住 Alt+Shift 组合键的同时，将它们拖曳到适当的位置即可复制图层，效果如图 9-47 所示。选择"照片 7 拷贝"图层，按 Delete 键，删除该图层，效果如图 9-48 所示。

（4）按 Ctrl+O 组合键，弹出"打开"对话框，打开本书云盘中的"Ch09 > 素材 > 制作摄像图书封面 > 09"文件。选择移动工具 ⊕，将"09"图像拖曳到图像窗口中的适当位置，效果如图 9-49 所示。"图层"控制面板中将生成一个新图层，将其命名为"照片 8"。

图 9-47　　　　　　　图 9-48　　　　　　　图 9-49

（5）按 Alt+Ctrl+G 组合键创建剪贴蒙版，效果如图 9-50 所示。用相同的方法添加其他照片，效果如图 9-51 所示。选择横排文字工具 T，在适当的位置输入需要的文字并选择文字，在属性栏中选择合适的字体并设置文字大小，效果如图 9-52 所示。"图层"控制面板中将生成新的文字图层。

图 9-50　　　　　　　图 9-51　　　　　　　图 9-52

（6）选择"出版人"，在"字符"控制面板中进行相关设置，如图 9-53 所示。按 Enter 键确认操作，效果如图 9-54 所示。用相同的方法调整其他文字，效果如图 9-55 所示。

图 9-53　　　　　　　图 9-54　　　　　　　图 9-55

（7）选择矩形工具 □，在属性栏中将填充颜色设置为白色，在图像窗口中绘制一个矩形，效果如图 9-56 所示。"图层"控制面板中将生成新的图层"矩形 4"。按 Ctrl+J 组合键复制图层，生成新的图层"矩形4　拷贝"。

（8）按 Ctrl+T 组合键，图像周围将出现变换框，将鼠标指针移至矩形下方中间的控制手柄上，按住鼠标左键不放，将其向上拖曳到适当的位置。按 Enter 键确认操作，效果如图 9-57 所示。选择移动工具 ，在按住 Alt 键的同时，将矩形拖曳到适当的位置即可复制矩形，效果如图 9-58 所示。

图 9-56　　　　　　　　图 9-57　　　　　　　　图 9-58

（9）选择横排文字工具 ，在适当的位置输入需要的文字并选择文字。在属性栏中选择合适的字体并设置文字大小，设置文字颜色为白色，效果如图 9-59 所示。"图层"控制面板中将生成新的文字图层。

（10）在按住 Shift 键的同时，单击"IXDN……"图层，同时选择两个文字图层。在"字符"控制面板中进行相关设置，如图 9-60 所示。按 Enter 键确认操作，效果如图 9-61 所示。

图 9-59　　　　　　　　图 9-60　　　　　　　　图 9-61

（11）在按住 Shift 键的同时，单击"矩形 3"图层，同时选择"定价：28.00 元"图层和"矩形 3"图层之间的所有图层。按 Ctrl+G 组合键将图层打组，并将组名设置为"封底"。

3　制作图书书脊

（1）在按住 Ctrl 键的同时，单击"走进摄影世界"图层和"构图与用光"图层，同时选择这两个图层。按 Ctrl+J 组合键复制图层，"图层"控制面板中将生成复制图层，并将其拖曳到所有图层的上方，如图 9-62 所示。选择移动工具 ，将图像中的文字拖曳到适当的位置，效果如图 9-63 所示。

（2）选择横排文字工具 ，在属性栏中单击"切换文本取向"按钮 ，让文字竖向排列，效果如图 9-64 所示。选择文字并调整其大小，选择移动工具 ，将文字拖曳到适当的位置，效果如图 9-65 所示。

图 9-62

图 9-63

图 9-64

图 9-65

（3）在按住 Ctrl 键的同时，单击"相机""矩形 2""形状 1"图层，同时选择这 3 个图层。按 Ctrl+J 组合键复制图层，"图层"控制面板中将生成复制图层，并将它们拖曳到所有图层的上方。选择移动工具，将图形和图像拖曳到适当的位置，并调整它们的大小，效果如图 9-66 所示。

（4）用上述方法复制文字，并调整文字的排列方向和大小，效果如图 9-67 所示。在按住 Shift 键的同时，单击"文安影像出版社"图层，同时选择"走进摄影世界"和"文安影像出版社"图层之间的所有图层。按 Ctrl+G 组合键将图层打组，并将组名设置为"书脊"。摄影图书封面制作完成，效果如图 9-68 所示。

图 9-66　图 9-67

图 9-68

9.1.5 扩展实践：制作花卉图书封面

使用"新建参考线"命令添加参考线，使用"置入嵌入对象"命令置入图片，使用剪贴蒙版和矩形工具制作图像，使用横排文字工具添加文字信息，使用钢笔工具和直线工具添加装饰图形，使用图层混合模式更改图像的显示效果。最终效果参看本书云盘中的"Ch09 > 效果 > 制作花卉图书封面"文件，如图 9-69 所示。

微课视频
制作花卉图书
封面 1

微课视频
制作花卉图书
封面 2

微课视频
制作花卉图书
封面 3

图 9-69

任务 9.2　制作休闲杂志封面

9.2.1 任务引入

微课视频
制作休闲杂志
封面

《时尚风格》是一份休闲资讯类杂志。该杂志的主要内容包括热门影视、时尚穿搭、休闲娱乐等方面的资讯，深受女性读者的喜爱。本任务要求为《时尚风格》设计制作新一期杂志的封面，要求设计具有时尚感和现代感。

9.2.2 设计理念

该封面将具有时尚气息的女性照片作为画面主体，突出杂志主题，标题的设计具有艺术感，能表现出杂志特色；画面整体色调优雅、柔美，给人以温暖、舒适的感觉。最终效果参看云盘中的"Ch09 > 效果 > 制作休闲杂志封面"文件，如图 9-70 所示。

图 9-70

9.2.3 任务知识：液化及修复工具

① "液化"滤镜

"液化"滤镜可以制作出各种类似液化效果的图像变形效果。打开一张图片，选择"滤

镜 > 液化"命令，或按 Shift+Ctrl+X 组合键，弹出"液化"对话框，如图 9-71 所示。

图 9-71

该对话框左侧的工具由上到下分别为向前变形工具 、重建工具 、平滑工具 、顺时针旋转扭曲工具 、褶皱工具 、膨胀工具 、左推工具 、冻结蒙版工具 、解冻蒙版工具 、脸部工具 、抓手工具 和缩放工具 。

在"液化"对话框中对图像进行变形操作，如图 9-72 所示。单击"确定"按钮，完成图像的液化变形操作，效果如图 9-73 所示。

图 9-72

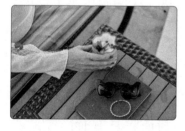

图 9-73

② 修补工具

选择修补工具 ，或反复按 Shift+J 组合键切换至修补工具，其属性栏如图 9-74 所示。

图 9-74

选择修补工具 ，框选图像中的茶杯，如图 9-75 所示。选择属性栏中的"源"选项，在选区中单击并按住左键鼠标不放，将选区中的图像拖曳到需要的位置，如图 9-76 所示。松开鼠标，选区中的图像被当前位置上的图像修补，效果如图 9-77 所示。按 Ctrl+D 组合键，取消选区，修补效果如图 9-78 所示。

图 9-75　　　　　　　　　　　图 9-76

图 9-77　　　　　　　　　　　图 9-78

　　选择修补工具属性栏中的"目标"选项，框选图像中需要的区域，如图 9-79 所示。将选区拖曳到要修补的图像区域，如图 9-80 所示。松开鼠标，选区中的图像修补了茶杯位置的图像，如图 9-81 所示。按 Ctrl+D 组合键，取消选区，修补效果如图 9-82 所示。

图 9-79　　　　　　　　　　　图 9-80

图 9-81　　　　　　　　　　　图 9-82

❸ 污点修复画笔工具

　　选择污点修复画笔工具，或反复按 Shift+J 组合键切换至污点修复画笔工具，其属性栏如图 9-83 所示。

图 9-83

　　原始图像如图 9-84 所示。选择污点修复画笔工具，在属性栏中按图 9-85 所示进行设置。在要修复的图像上按住鼠标左键不放并拖曳，如图9-86所示。松开鼠标，修复图像，效果如图9-87所示。

图 9-84　　　　　　　　　　　　　　　　图 9-85

图 9-86　　　　　　　　　　　　　　　　图 9-87

④ 仿制图章工具

选择仿制图章工具 ⚹ ，或反复按 Shift+S 组合键切换至仿制图章工具，其属性栏如图9-88所示。

图 9-88

选择仿制图章工具 ⚹ ，将鼠标指针移至图像中需要复制的位置，按住 Alt 键，鼠标指针将变为 ⊕ 形状，如图 9-89 所示。单击选择取样点，在合适的位置单击并按住鼠标左键不放，拖曳复制出取样点处的图像，松开鼠标，效果如图 9-90 所示。

图 9-89　　　　　　　　　　　　　　　　图 9-90

⑤ 加深工具

选择加深工具 ⚫ ，或反复按 Shift+O 组合键切换至加深工具，其属性栏如图 9-91 所示。

图 9-91

打开一幅图像，如图9-92所示。选择加深工具 ⚫ ，在属性栏中按图9-93所示进行设置。在图像中的动物上单击并按住鼠标左键不放，拖曳使图像产生加深效果，如图9-94所示。

图 9-92

图 9-93

图 9-94

6 "可选颜色"命令

打开一张图片，如图 9-95 所示。选择"图像 > 调整 > 可选颜色"命令，弹出"可选颜色"对话框，其中的设置如图 9-96 所示。单击"确定"按钮，效果如图 9-97 所示。

图 9-95

图 9-96

图 9-97

9.2.4 任务实施

1 修复人物

（1）按 Ctrl+O 组合键，弹出"打开"对话框，打开本书云盘中的"Ch09 > 素材 > 制作休闲杂志封面 > 01"文件，如图 9-98 所示。选择套索工具 ，在人物的右脸颊附近绘制选区，如图 9-99 所示。

（2）按 Shift+F6 组合键，弹出"羽化选区"对话框，具体设置如图 9-100 所示。单击"确定"按钮，羽化选区，如图 9-101 所示。

图 9-98

图 9-99

图 9-100

图 9-101

（3）按 Ctrl+J 组合键，复制选区内的图像。按 Ctrl+T 组合键，图像周围将出现变换框，在变换框中单击鼠标右键，在弹出的快捷菜单中选择"变形"命令，对人物进行瘦脸操作。按 Enter 键确认操作，效果如图 9-102 所示。

（4）单击"图层"控制面板下方的"添加图层蒙版"按钮 □，为图层添加蒙版。将前景色设置为黑色。选择画笔工具 ✎，在属性栏中单击"画笔"右侧的下拉按钮 ✓，在弹出的选项面板中选择并设置画笔，在图像窗口中涂抹图像上衔接不自然的地方，美化图像，如图 9-103 所示。

（5）选择"背景"图层，选择套索工具 ◯，在人物的左脸颊附近绘制选区，如图 9-104 所示。按 Shift+F6 组合键，在弹出的"羽化选区"对话框中进行设置，如图 9-105 所示。单击"确定"按钮，羽化选区。

图 9-102　　　　　　图 9-103　　　　　　图 9-104　　　　　　　　　图 9-105

（6）按 Ctrl+J 组合键，复制选区内的图像并将其置于顶层。按 Ctrl+T 组合键，图像周围将出现变换框。在变换框中单击鼠标右键，在弹出的快捷菜单中选择"变形"命令，对人物进行瘦脸操作。按 Enter 键确认操作，效果如图 9-106 所示。单击"图层"控制面板下方的"添加图层蒙版"按钮 □，为图层添加蒙版。选择画笔工具 ✎，涂抹图像中衔接不自然的地方，美化图像，如图 9-107 所示。

图 9-106　　　　　　　　　图 9-107

（7）选择"背景"图层，选择套索工具 ◯，在人物的手臂附近绘制选区，如图 9-108 所示。按 Shift+F6 组合键，在弹出的"羽化选区"对话框中进行设置，如图 9-109 所示。单击"确定"按钮，羽化选区。

（8）按 Ctrl+J 组合键，复制选区内的图像并将其置于顶层。按 Ctrl+T 组合键，图像周围将出现变换框。在变换框中单击鼠标右键，在弹出的快捷菜单中选择"变形"命令，对人物进行瘦身操作。按 Enter 键确认操作，效果如图 9-110 所示。为图层添加蒙版，选择画笔工具 ✐，涂抹图像中衔接不自然的地方，美化图像，如图 9-111 所示。

图 9-108　　　　　　　　　图 9-109　　　　　　　　　图 9-110　　　　　　图 9-111

（9）选择"背景"图层，选择套索工具 ♀，在人物的小臂附近绘制选区，如图 9-112 所示。按 Shift+F6 组合键，在弹出的"羽化选区"对话框中进行设置，如图 9-113 所示。单击"确定"按钮，羽化选区。

（10）按 Ctrl+J 组合键，复制选区内的图像并将其置于顶层。按 Ctrl+T 组合键，图像周围将出现变换框。在变换框中单击鼠标右键，在弹出的快捷菜单中选择"变形"命令，对人物进行瘦臂操作。按 Enter 键确认操作，效果如图 9-114 所示。为图层添加蒙版，选择画笔工具 ✐，涂抹图像中衔接不自然的地方，美化图像，如图 9-115 所示。

图 9-112　　　　　　　　　图 9-113　　　　　　　　图 9-114　　　　　　图 9-115

（11）按 Alt+Shift+Ctrl+E 组合键盖印图层。选择"滤镜 > 液化"命令，弹出"液化"对话框，在其中修复人物腰部、脸部、头部的图像，如图 9-116 所示。单击"确定"按钮，效果如图 9-117 所示。

（12）选择修补工具 ▦，在帽子上的脏点周围绘制选区，如图 9-118 所示。将选区拖曳到目标位置，松开鼠标，修补脏点，如图 9-119 所示。选择污点修复画笔工具 ⊘，在属性栏中单击"画笔"右侧的下拉按钮 ⌄，弹出画笔选项面板，其中的设置如图 9-120 所示。在人物脸上的痘痘处单击，去除痘痘，如图 9-121 所示。

（13）选择钢笔工具 ⌀，在属性栏的"选择工具模式"下拉列表中选择"路径"选项，沿着头发的外轮廓绘制路径，如图 9-122 所示。按 Ctrl+Enter 组合键，将路径转化为选区，如图 9-123 所示。选择"选择 > 修改 > 羽化"命令，在弹出的对话框中进行设置，如图 9-124

所示。单击"确定"按钮，羽化选区，如图 9-125 所示。

图 9-116　　　　　　　　　　　　　　　　　　　　　　　图 9-117

图 9-118　　　　图 9-119　　　　图 9-120　　　　图 9-121

图 9-122　　　　图 9-123　　　　图 9-124　　　　图 9-125

（14）选择仿制图章工具，在属性栏中单击"画笔"右侧的下拉按钮，弹出画笔选项面板，具体设置如图 9-126 所示。在属性栏中将"不透明度"设置为"100%"，在按住Alt 键的同时，单击背景以吸取背景颜色，如图 9-127 所示。释放 Alt 键，在选区内进行涂抹，去除杂乱的头发，如图 9-128 所示。按 Ctrl+D 组合键，取消选区。

（15）选择修补工具，在人物的眼袋周围绘制选区，如图 9-129 所示。将选区拖曳到目标位置，松开鼠标，修补眼袋。按 Ctrl+D 组合键，取消选区，效果如图 9-130 所示。用相同的方法修补另一个眼袋，效果如图 9-131 所示。

图 9-126   图 9-127   图 9-128

图 9-129   图 9-130   图 9-131

❷ 对人物进行调色

（1）单击"图层"控制面板下方的"创建新的填充或调整图层"按钮，在弹出的菜单中选择"曲线"命令，"图层"控制面板中将生成"曲线 1"图层，同时弹出"属性"控制面板，在其中调整曲线，如图 9-132 所示。按 Enter 键确认操作，图像将变亮，如图 9-133 所示。

（2）按 Alt+Delete 组合键，用前景色（黑色）填充图层，以遮挡调亮了的图像。将前景色设置为白色、背景色设置为黑色。选择画笔工具，在属性栏中单击"画笔"右侧的下拉按钮，在弹出的选项面板中选择并设置画笔，如图 9-134 所示。在属性栏中将"不透明度"设置为"60%"，在图像窗口中人物的脸部和手上进行涂抹，如图 9-135 所示。

图 9-132   图 9-133   图 9-134   图 9-135

（3）单击"图层"控制面板下方的"创建新的填充或调整图层"按钮，在弹出的菜单中选择"曲线"命令，"图层"控制面板中将生成"曲线2"图层，同时弹出"属性"控制面板，在其中调整曲线，如图9-136所示。按Enter键确认操作，图像将变暗，如图9-137所示。

（4）按Ctrl+Delete组合键，用背景色（黑色）填充图层，以遮挡调暗了的图像。选择画笔工具 ✐，在图像窗口中人物的身体上进行涂抹，如图9-138所示。按Alt+Shift+Ctrl+E组合键盖印图层。

图9-136　　　　　　　　　图9-137　　　　　　　　　图9-138

（5）选择套索工具 ◯，在人物的眼睛周围绘制选区，如图9-139所示。按Shift+F6组合键，在弹出的"羽化选区"对话框中进行设置，如图9-140所示。单击"确定"按钮，羽化选区。

图9-139　　　　　　　　　　　　　　图9-140

（6）选择"图像＞调整＞可选颜色"命令，在弹出的对话框中进行设置，如图9-141所示。单击"确定"按钮，调整选区内的颜色。取消选区，效果如图9-142所示。

图9-141　　　　　　　　　　　　图9-142

（7）选择套索工具 ，在人物的嘴巴周围绘制选区，如图 9-143 所示。按 Shift+F6 组合键，在弹出的"羽化选区"对话框中进行设置，如图 9-144 所示。单击"确定"按钮，羽化选区。

图 9-143　　　　　　　　　　　图 9-144

（8）选择"图像 > 调整 > 可选颜色"命令，在弹出的对话框中进行设置，如图 9-145 所示。单击"确定"按钮，调整选区内的颜色。取消选区，如图 9-146 所示。

图 9-145　　　　　　　　　　　图 9-146

（9）选择加深工具 ，单击属性栏中"画笔"右侧的下拉按钮 ，在弹出的选项面板中选择并设置画笔，如图 9-147 所示。将"曝光度"设置为"20%"，在图像窗口中人物的眉毛上进行涂抹，加深其颜色，效果如图 9-148 所示。

图 9-147　　　　　　　　　　　图 9-148

（10）选择套索工具 ，在人物左侧的眼睛上绘制选区，如图 9-149 所示。按 Shift+F6

组合键，在弹出的"羽化选区"对话框中进行设置，如图9-150所示。单击"确定"按钮，羽化选区。

图9-149　　　　　　　　　　　　　　　　　　　图9-150

（11）按Ctrl+J组合键，复制选区内的图像。在"图层"控制面板中，将该图层的混合模式设置为"滤色"、"不透明度"设置为"23%"，如图9-151所示。按Enter键确认操作，效果如图9-152所示。用相同的方法调整人物右侧的眼睛，效果如图9-153所示。

图9-151　　　　　　　图9-152　　　　　　　图9-153

（12）选择"图层6"，选择钢笔工具 ，在人物的嘴唇上绘制路径，如图9-154所示。按Ctrl+Enter组合键，将路径转化为选区，如图9-155所示。

（13）按Shift+F6组合键，在弹出的"羽化选区"对话框中进行设置，如图9-156所示。单击"确定"按钮，羽化选区。按Ctrl+J组合键，复制选区中的图像并将其拖曳到所有图层的上方。

图9-154　　　　　　图9-155　　　　　　　图9-156

（14）单击"图层"控制面板下方的"创建新的填充或调整图层"按钮 ，在弹出的菜单中选择"曲线"命令，"图层"控制面板中将生成"曲线3"图层，同时弹出"属性"控制面板，在其中单击 按钮，其他设置如图9-157所示。按Enter键确认操作，效果如图9-158所示。

（15）单击"图层"控制面板下方的"创建新的填充或调整图层"按钮 ，在弹出的菜单中选择"色相/饱和度"命令，"图层"控制面板中将生成"色相/饱和度 1"图层，同时弹出"属性"控制面板，在其中单击 按钮，其他设置如图 9-159 所示。按 Enter 键确认操作，效果如图 9-160 所示。

图 9-157

图 9-158

图 9-159

图 9-160

（16）选择"图层 6"，选择磁性套索工具 ，单击属性栏中的"添加到选区"按钮 ，在人物的头发上绘制选区，如图 9-161 所示。按 Shift+F6 组合键，在弹出的"羽化选区"对话框中进行设置，如图 9-162 所示。单击"确定"按钮，羽化选区。

图 9-161

图 9-162

（17）按 Ctrl+J 组合键，复制选区内的图像并将其拖曳到所有图层的上方。选择"图像 > 调整 > 阴影/高光"命令，在弹出的对话框中进行设置，如图 9-163 所示。单击"确定"按钮，调整图像，效果如图 9-164 所示。

图 9-163

图 9-164

（18）将"图层 10"拖曳到"图层"控制面板下方的"创建新图层"按钮　上，复制图层。将该图层的混合模式设置为"颜色"，如图 9-165 所示。图像效果如图 9-166 所示。

图 9-165　　　　　　　　　　　　　　　图 9-166

（19）单击"图层"控制面板下方的"创建新的填充或调整图层"按钮　，在弹出的菜单中选择"可选颜色"命令，"图层"控制面板中将生成"可选颜色 1"图层，同时弹出"属性"控制面板，在其中设置"颜色"为"蓝色"，其他设置如图 9-167 所示；再设置"颜色"为"中性色"，其他设置如图 9-168 所示。按 Enter 键确认操作，效果如图 9-169 所示。

图 9-167　　　　　　　图 9-168　　　　　　　图 9-169

（20）单击"图层"控制面板下方的"创建新的填充或调整图层"按钮　，在弹出的菜单中选择"色彩平衡"命令，"图层"控制面板中将生成"色彩平衡 1"图层，同时弹出"属性"控制面板。其中的设置如图 9-170 所示；在"色调"下拉列表中选择"阴影"选项，其他设置如图 9-171 所示；在"色调"下拉列表中选择"高光"选项，其他设置如图 9-172 所示。按 Enter 键确认操作，效果如图 9-173 所示。

图 9-170　　　　　　图 9-171　　　　　　图 9-172　　　　　　图 9-173

（21）单击"图层"控制面板下方的"创建新的填充或调整图层"按钮 ◢，在弹出的菜单中选择"照片滤镜"命令，"图层"控制面板中将生成"照片滤镜 1"图层，同时弹出"属性"控制面板，其中的设置如图 9-174 所示。图像效果如图 9-175 所示。按 Alt+Shift+Ctrl+E 组合键盖印图层。

图 9-174

图 9-175

③ 制作封面

（1）按 Ctrl+O 组合键，弹出"打开"对话框，打开本书云盘中的"Ch09 > 素材 > 制作休闲杂志封面 > 02"文件，如图 9-176 所示。选择移动工具 ⊹，将盖印好的人物图像拖曳到"02"图像窗口中，并调整其大小和位置，如图 9-177 所示。

图 9-176

图 9-177

（2）在"图层"控制面板中，将"图层 1"的混合模式设置为"正片叠底"，如图 9-178 所示。图像效果如图 9-179 所示。按 Ctrl+O 组合键，弹出"打开"对话框，打开本书云盘中的"Ch09 > 素材 > 制作休闲杂志封面 > 03"文件。选择移动工具 ⊹，将文字图像拖曳到"02"图像窗口中并调整其位置，图像效果如图 9-180 所示。休闲杂志封面制作完成。

图 9-178

图 9-179

图 9-180

9.2.5　扩展实践：制作时尚杂志封面

使用污点修复画笔工具修复人物肩部的污点，使用仿制图章工具调整人物的碎发，使用修补工具修复人物脖子上的皱纹，使用"液化"命令调整人物的脸部和肩部，使用套索工具、"羽化"命令和"变换"命令调整人物的形体，使用横排文字工具添加文字，使用绘图工具绘制需要的图形。最终效果参看本书云盘中的"Ch09＞效果＞制作时尚杂志封面"文件，如图 9-181 所示。

图 9-181

微课视频

制作时尚杂志封面

任务 9.3　　制作啤酒包装

微课视频

制作啤酒包装

9.3.1　任务引入

本任务要求为 MEIWEI 饮品公司制作罐装啤酒的包装，要求设计能够突出品牌名称。

9.3.2　设计理念

该包装以银白色为主，在体现金属质感的同时，也营造出现代感；红色起到了点缀的作用，使整个包装色彩更加丰富且具有活力；倾斜的蓝色文字使包装具有动感，并且给人清爽的感觉。最终效果参看本书云盘中的"Ch09＞效果＞制作啤酒包装"文件，如图 9-182 所示。

图 9-182

9.3.3　任务知识：渐变工具、"扭曲"滤镜和"渲染"滤镜

❶ 渐变工具

选择渐变工具 ▣，或反复按 Shift+G 组合键切换至渐变工具，其属性栏如图 9-183 所示。

其中主要选项的功能如下。

图 9-183

图 9-184

下拉列表框：用于选择和编辑渐变色彩。

按钮：用于选择渐变类型，其中包括线性渐变、径向渐变、角度渐变、对称渐变、菱形渐变。

反向：用于将色彩渐变效果反向。

仿色：用于以比较小的带宽创建较平滑的渐变。

透明区域：用于设置是否产生透明的效果。

单击"点按可编辑渐变"下拉列表框，弹出"渐变编辑器"对话框，如图 9-184 所示，用户在其中可以自定义渐变类型和色彩。

在"渐变编辑器"对话框中，在颜色编辑条下方的适当位置单击，可以增加色标，如图 9-185 所示。在下方的"颜色"下拉列表中选择颜色，或双击创建的色标，将弹出"拾色器（色标颜色）"对话框，如图 9-186 所示。在其中选择所需颜色，单击"确定"按钮，即可改变色标颜色。在"位置"文本框中输入数值或用鼠标指针直接拖曳色标，可以调整色标的位置。

图 9-185　　　　　　　　　　　图 9-186

任意选择一个色标，如图 9-187 所示。单击对话框下方的 删除(D) 按钮，或按 Delete 键，可以将该色标删除，如图 9-188 所示。

单击颜色编辑条左上方的黑色色标，如图 9-189 所示。调整"不透明度"的数值，可以调整该色标的不透明度，如图 9-190 所示。

图 9-187

图 9-188

图 9-189

图 9-190

单击颜色编辑条上方的某一位置，可以增加色标，如图 9-191 所示。调整"不透明度"的数值，可以调整新色标的不透明度，如图 9-192 所示。

图 9-191

图 9-192

❷ 变形文字

选择横排文字工具 T.，在图像窗口中输入文字，如图 9-193 所示。单击属性栏中的"创建文字变形"按钮 工，弹出"变形文字"对话框，如图 9-194 所示。在"样式"下拉列表中包含多种文字变形样式，如图 9-195 所示。应用不同变形样式后的文字效果如图 9-196所示。

图 9-193

图 9-194

图 9-195

扇形　　　　　　　　　　下弧　　　　　　　　　　上弧

拱形　　　　　　　　　　凸起　　　　　　　　　　贝壳

花冠　　　　　　　　　　旗帜　　　　　　　　　　波浪

鱼形　　　　　　　　　　增加　　　　　　　　　　鱼眼

膨胀　　　　　　　　　　挤压　　　　　　　　　　扭转

图 9-196

如果要取消文字的变形效果，打开"变形文字"对话框，在"样式"下拉列表中选择"无"选项即可。

波浪...
波纹...
极坐标...
挤压...
切变...
球面化...
水波...
旋转扭曲...
置换...

图 9-197

③　"扭曲"滤镜

使用"扭曲"滤镜可以在图像中产生一组从波纹到扭曲的变形效果。"扭曲"滤镜命令的子菜单如图 9-197 所示。应用不同滤镜制作出的不同效果如图 9-198 所示。

④　"渲染"滤镜

使用"渲染"滤镜可以在图像中产生火焰、光照和云彩等效果。"渲染"滤镜命令的子菜单如图 9-199 所示。应用不同滤镜制作出的不同效果如图 9-200 所示。

原图　　　　波浪　　　　波纹　　　　极坐标　　　　挤压

切变　　　　球面化　　　　水波　　　　旋转扭曲　　　　置换

图 9-198

火焰...
图片框...
树...

分层云彩
光照效果...
镜头光晕...
纤维...
云彩

图 9-199

原图　　　　火焰　　　　图片框　　　　树

分层云彩　　　　光照效果　　　　镜头光晕　　　　纤维　　　　云彩

图 9-200

9.3.4 任务实施

1 制作包装罐

（1）按 Ctrl+N 组合键，弹出"新建文档"对话框，在其中设置"宽度"为"10 厘米"、"高度"为"8 厘米"、"分辨率"为"300 像素/英寸"、"颜色模式"为"RGB"、"背景内容"为白色。单击"创建"按钮，新建文件。

（2）新建一个图层并将其命名为"听身"。选择钢笔工具 ◢，将属性栏中的"选择工具模式"设置为"路径"，在图像窗口中绘制路径。按 Ctrl+Enter 组合键，将路径转换为选区，如图 9-201 所示。

（3）选择渐变工具 ▤，单击属性栏中的"点按可编辑渐变"下拉列表框 ▤，弹出"渐变编辑器"对话框。通过"位置"文本框添加 0、25、50、75、100 这 5 个位置点，分别设置上述 5 个位置点颜色的 RGB 值为（178、178、178），（255、255、255），（226、226、226），（255、255、255），（178、178、178），如图 9-202 所示。单击"确定"按钮，在图像窗口中按住鼠标左键不放，从左向右拖曳，效果如图 9-203 所示。按 Ctrl+D 组合键，取消选区。

图 9-201 图 9-202 图 9-203

（4）新建一个图层并将其命名为"听口"。选择钢笔工具 ◢，在图像窗口中绘制路径。按 Ctrl+Enter 组合键，将路径转换为选区，效果如图 9-204 所示。

（5）选择渐变工具 ▤，单击属性栏中的"点按可编辑渐变"下拉列表框 ▤，弹出"渐变编辑器"对话框。通过"位置"文本框添加 0、22、50、78、100 这 5 个位置点，分别设置上述 5 个位置点颜色的 RGB 值为（165、165、165），（230、230、230），（136、136、136），（230、230、230），（165、165、165），如图 9-205 所示。单击"确定"按钮，在图像窗口中按住鼠标左键不放，从左向右拖曳，效果如图 9-206 所示。按 Ctrl+D 组合键，取消选区。按 Alt+Ctrl+G 组合键创建剪贴蒙版，效果如图 9-207 所示。

（6）新建一个图层并将其命名为"色块"。将前景色设置为浅红色（232、111、100）。选择钢笔工具 ◢，在图像窗口中绘制路径，如图 9-208 所示。按 Ctrl+Enter 组合键，将路径转换为选区。按 Alt+Delete 组合键，用前景色填充选区。按 Ctrl+D 组合键，取消选区，效果如图 9-209 所示。

图 9-204　　　　图 9-205　　　　图 9-206　　　　图 9-207

图 9-208　　　　　　　　图 9-209

（7）按 Alt+Ctrl+G 组合键创建剪贴蒙版，效果如图 9-210 所示。在"图层"控制面板中，将"色块"图层的混合模式设置为"正片叠底"，如图 9-211 所示。图像效果如图 9-212 所示。

图 9-210　　　　图 9-211　　　　图 9-212

（8）新建一个图层并将其命名为"听底"。将前景色设置为白色。选择椭圆选框工具 ○，绘制一个椭圆形选区。按 Alt+Delete 组合键，用前景色填充选区，效果如图 9-213 所示。按 Ctrl+D 组合键，取消选区。单击"图层"控制面板下方的"添加图层样式"按钮 fx，在弹出的菜单中选择"内阴影"命令，弹出"图层样式"对话框，其中的设置如图 9-214 所示。

（9）在"图层样式"对话框中勾选"渐变叠加"复选框，切换到相应的面板，单击属性栏中的"点按可编辑渐变"下拉列表框 ▬▬▬ ，弹出"渐变编辑器"对话框。通过"位置"文本框添加 0、22、50、78、100 这 5 个位置点，分别设置上述 5 个位置点颜色的 RGB 值为（165、165、165），（230、230、230），（136、136、136），（230、230、230），（165、165、165）。单击"确定"按钮，返回到"图层样式"对话框，其中的设置如图 9-215 所示。单击"确定"按钮，效果如图 9-216 所示。

图 9-213　　　　　　　　　　　图 9-214

图 9-215　　　　　　　　　　　图 9-216

（10）新建一个图层并将其命名为"阴影"。将前景色设置为黑色。选择椭圆选框工具，绘制一个椭圆形选区。按 Alt+Delete 组合键，用前景色填充选区。按 Ctrl+D 组合键，取消选区，效果如图 9-217 所示。

（11）选择"滤镜 > 模糊 > 高斯模糊"命令，在弹出的对话框中进行设置，如图 9-218 所示。单击"确定"按钮，效果如图 9-219 所示。

图 9-217　　　　　　　　图 9-218　　　　　　　　图 9-219

（12）在按住 Shift 键的同时，单击"听底"图层，同时选择"阴影"和"听底"图层，将它们拖曳到"背景"图层的上方，图像效果如图 9-220 所示。将"阴影"图层拖曳到"听底"

图层的下方，效果如图 9-221 所示。

图 9-220　　　　　　　　　　　　图 9-221

（13）选择"色块"图层，选择横排文字工具 T.，在适当的位置输入需要的文字并选择文字，在属性栏中选择合适的字体并设置文字大小，将文字填充为白色。"图层"控制面板中将生成新的文字图层，将该图层的混合模式设置为"柔光"，效果如图 9-222 所示。单击属性栏中的"创建文字变形"按钮 工，弹出"变形文字"对话框，其中的设置如图 9-223 所示。单击"确定"按钮，效果如图 9-224 所示。

图 9-222　　　　　　　　图 9-223　　　　　　　　图 9-224

② 制作 Logo 和标题

（1）新建一个图层并将其命名为"图形"。将前景色设置为红色（237、44、27）。选择钢笔工具 Ø.，将属性栏中的"选择工具模式"设置为"路径"，在图像窗口中绘制路径，如图 9-225 所示。按 Ctrl+Enter 组合键，将路径转换为选区。按 Alt+Delete 组合键，用前景色填充选区，效果如图 9-226 所示。按 Ctrl+D 组合键，取消选区。

图 9-225　　　　　　　　　　图 9-226

（2）单击"图层"控制面板下方的"添加图层样式"按钮 fx，在弹出的菜单中选择"描边"命令，弹出"图层样式"对话框。在其中设置描边颜色为橙色（212、80、64），其他设置如图 9-227 所示。单击"确定"按钮，效果如图 9-228 所示。

（3）将"图形"图层拖曳到"图层"控制面板下方的"创建新图层"按钮 ⊡ 上，即可复制该图层。单击"图层"控制面板下方的"添加图层样式"按钮 fx，在弹出的菜单中选择"描边"命令，弹出"图层样式"对话框。在其中设置描边颜色为浅蓝色（207、244、255），其他设置如图 9-229 所示。单击"确定"按钮，效果如图 9-230 所示。

图 9-227　　　　　　　　　　　　　　　　图 9-228

图 9-229　　　　　　　　　　　　　　　　图 9-230

（4）在"图层"控制面板中，将"图形 拷贝"图层拖曳至"图形"图层下方，效果如图 9-231 所示。新建一个图层并将其命名为"图标"。将前景色设置为白色。选择钢笔工具 ，在图像窗口中绘制路径，如图 9-232 所示。按 Ctrl+Enter 组合键，将路径转换为选区。按 Alt+Delete 组合键，用前景色填充选区，效果如图 9-233 所示。按 Ctrl+D 组合键，取消选区。

图 9-231　　　　　　　　图 9-232　　　　　　　　图 9-233

（5）将前景色设置为蓝色（49、92、160）。选择横排文字工具 ，在适当的位置输入需要的文字并选择文字，在属性栏中选择合适的字体并设置文字大小，效果如图 9-234 所示。"图层"控制面板中将生成新的文字图层。单击属性栏中的"创建文字变形"按钮，弹出"变形文字"对话框，其中的设置如图 9-235 所示。单击"确定"按钮，效果如图 9-236 所示。

图 9-234　　　　　　　　　　　图 9-235　　　　　　　　　　　图 9-236

（6）单击"图层"控制面板下方的"添加图层样式"按钮，在弹出的菜单中选择"斜面和浮雕"命令，弹出"图层样式"对话框，其中的设置如图 9-237 所示。在对话框中勾选"纹理"复选框，切换到相应的面板。单击"图案"右侧的下拉按钮，弹出图案选项面板，在其中选择需要的图案，如图 9-238 所示。

图 9-237　　　　　　　　　　　　　　　　　　图 9-238

（7）在"图层样式"对话框中勾选"内阴影"复选框，切换到相应的面板。将阴影颜色设置为黑色，其他设置如图 9-239 所示。单击"确定"按钮，效果如图 9-240 所示。

图 9-239　　　　　　　　　　　　　　　　图 9-240

3 添加宣传文字和装饰图形

（1）新建一个图层并将其命名为"红色图形"。选择钢笔工具 ，在图像窗口中绘制路径，如图 9-241 所示。按 Ctrl+Enter 组合键，将路径转换为选区。选择渐变工具 ，单击属性栏中的"点按可编辑渐变"下拉列表框 ，弹出"渐变编辑器"对话框。通过"位置"文本框添加 0、50、100 这 3 个位置点，分别设置上述 3 个位置点颜色的 RGB 值为（250、71、63），（144、40、36），（250、71、63），如图 9-242 所示。单击"确定"按钮，在选区中按住鼠标左键不放，从左向右拖曳，如图 9-243 所示。按 Ctrl+D 组合键，取消选区。

图 9-241

图 9-242

图 9-243

（2）新建一个图层并将其命名为"阴影 2"。将前景色设置为黑色。选择矩形选框工具 ，绘制一个矩形选区。按 Alt+Delete 组合键，用前景色填充矩形选区。按 Ctrl+D 组合键，取消选区，效果如图 9-244 所示。

（3）选择"滤镜 > 模糊 > 高斯模糊"命令，弹出"高斯模糊"对话框，其中的设置如图 9-245 所示。单击"确定"按钮，效果如图 9-246 所示。

图 9-244

图 9-245

图 9-246

（4）在"图层"控制面板中，将"阴影 2"图层的"不透明度"设置为"40%"、"填充"设置为"65%"，如图 9-247 所示。按 Enter 键确认操作，图像效果如图 9-248 所示。将"阴影 2"图层拖曳到"红色图形"图层的下方，图像效果如图 9-249 所示。

图 9-247

图 9-248

图 9-249

（5）选择"红色图形"图层。将前景色设置为白色。选择横排文字工具 T.，在适当的位置输入需要的文字并选择文字，在属性栏中选择合适的字体并设置文字大小，效果如图 9-250 所示。"图层"控制面板中将生成新的文字图层。

（6）单击属性栏中的"创建文字变形"按钮 工，弹出"变形文字"对话框，其中的设置如图 9-251 所示。单击"确定"按钮，效果如图 9-252 所示。

图 9-250

图 9-251

图 9-252

（7）选择横排文字工具 T.，在适当的位置输入需要的文字并选择文字，在属性栏中选择合适的字体并设置文字大小，填充文字为灰色（148、148、148），效果如图 9-253 所示。用相同的方法添加其他文字，效果如图 9-254 所示。

图 9-253

图 9-254

（8）在按住 Shift 键的同时，单击"alc./vol."图层和"阴影"图层，同时选择这两个图层之间的所有图层。按 Alt+Ctrl+E 组合键，将图层复制并合并，将其命名为"合并效果"，如图 9-255 所示。选择移动工具 ⊕，将图像拖曳到图像窗口中的适当位置并调整其大小，效果如图 9-256 所示。啤酒包装制作完成。

图 9-255   图 9-256

9.3.5 扩展实践：制作果汁饮料包装

微课视频

制作果汁饮料
包装 1

使用直线工具和图层混合模式制作背景效果、使用多边形工具绘制星形、使用"光照效果"滤镜制作背景中的光照效果、使用"切变"命令调整图像、使用矩形选框工具、"羽化"命令和"曲线"命令制作出明暗变化效果。最终效果参看本书云盘中的"Ch09 > 效果 > 制作果汁饮料包装"文件，如图 9-257 所示。

微课视频

制作果汁饮料
包装 2

微课视频

制作果汁饮料
包装 3

图 9-257

任务 9.4 项目演练——制作咖啡包装

微课视频

制作咖啡包装 1

9.4.1 任务引入

微课视频

制作咖啡包装 2

云夫公司是一家研发、生产和销售各类咖啡的食品公司。目前，该公司的畅销产品"卡布利诺"咖啡需要更换新包装并重新上市，本任务要求为该款咖啡制作包装，要求设计突出产品的特点，达到宣传的目的。

9.4.2　设计理念

　　该包装选用的颜色与产品相关，紧贴主题；文字醒目突出，让人一目了然；真实的产品图片向顾客展示了产品的质感，突出了产品浓稠香醇的特色，激发顾客的购买欲望。最终效果参看本书云盘中的"Ch09 > 效果 > 制作咖啡包装"文件，如图 9-258 所示。

图 9-258

项目10

掌握商业设计
——综合设计实训

本项目为综合设计实训，将通过商业设计项目的真实情境来引导读者如何利用所学知识完成商业设计项目。通过本项目的学习，读者可以牢固掌握Photoshop的强大功能和使用技巧，并应用所学技能制作出专业的商业设计作品。

学习引导

知识目标
- 了解常见的设计领域

能力目标
- 掌握 Photoshop 的使用方法
- 掌握 Photoshop 在不同设计领域中的使用技巧

素养目标
- 培养读者完成商业案例的能力

实训任务
- 制作女包类 App 首页的 Banner
- 制作音乐类 App 的引导界面
- 制作金融理财行业推广 H5
- 制作七夕节海报

任务 10.1　制作女包类 App 首页的 Banner

10.1.1　任务引入

晒潮流是一个女包销售及售后服务平台。本任务要求为该平台 App 首页制作一款 Banner，用于"双 11"推广活动，要求设计在展现出时尚潮流的同时，突出优惠力度。

10.1.2　设计理念

该 Banner 以模特和女包为主体，宣传主题突出；背景中的元素动静结合，具有活力；画面中的色彩富有朝气，给人青春洋溢的印象；文字信息醒目突出，强化了宣传的效果。最终效果参看本书云盘中的"Ch10 > 效果 > 制作女包类 App 首页的 Banner"文件，如图 10-1 所示。

图 10-1

10.1.3　任务实施

（1）按 Ctrl+N 组合键，弹出"新建文档"对话框，设置宽度为 750 像素、高度为 200 像素、分辨率为 72 像素 / 英寸、颜色模式为 RGB、背景内容为白色。单击"创建"按钮，新建文件。

（2）按 Ctrl+O 组合键，弹出"打开"对话框，打开本书云盘中的"Ch10 > 素材 > 制作女包类 App 首页的 Banner > 01、02"文件。选择移动工具 ，将图片拖曳到新建的图像窗口中的适当位置，效果如图 10-2 所示。"图层"控制面板中将生成新的图层，分别将它们命名为"底图"和"包 1"。

图 10-2

（3）单击"图层"控制面板下方的"创建新的填充或调整图层"按钮 ，在弹出的菜单中选择"色阶"命令，"图层"控制面板中将生成"色阶1"图层，同时弹出"属性"控制面板。单击"此调整影响下面的所有图层"按钮，使其变为"此调整剪切到此图层"按钮，其他设置如图10-3所示。按Enter键确认操作，图像效果如图10-4所示。

（4）按Ctrl+O组合键，弹出"打开"对话框，打开本书云盘中的"Ch10 > 素材 > 制作女包类App首页的Banner > 03"文件。选择移动工具，将图片拖曳到图像窗口中的适当位置，并调整其大小，效果如图10-5所示。"图层"控制面板中将生成一个新的图层，将其命名为"模特"。

（5）单击"图层"控制面板下方的"创建新的填充或调整图层"按钮，在弹出的菜单中选择"色相/饱和度"命令，"图层"控制面板中将生成"色相/饱和度1"图层，同时弹出"属性"控制面板。单击"此调整影响下面的所有图层"按钮，使其变为"此调整剪切到此图层"按钮，其他设置如图10-6所示。按Enter键确认操作，图像效果如图10-7所示。

图 10-3   图 10-4

图 10-5   图 10-6   图 10-7

（6）按Ctrl+O组合键，弹出"打开"对话框，打开本书云盘中的"Ch10 > 素材 > 制作女包类App首页的Banner > 04"文件。选择移动工具，将图片拖曳到图像窗口中的适当位置，效果如图10-8所示。"图层"控制面板中将生成一个新的图层，将其命名为"包2"。

（7）单击"图层"控制面板下方的"创建新的填充或调整图层"按钮，在弹出的菜单中选择"亮度/对比度"命令，"图层"控制面板中将生成"亮度/对比度1"图层，同时弹出"属性"控制面板。单击"此调整影响下面的所有图层"按钮，使其变为"此调整剪切到此图层"

按钮 ⬚ ，其他设置如图 10-9 所示。按 Enter 键确认操作，图像效果如图 10-10 所示。

图 10-8　　　　　　　　　　图 10-9　　　　　　　　　　图 10-10

（8）选择横排文字工具 ⊤ ，在适当的位置输入需要的文字并选择文字，在属性栏中选择合适的字体并设置文字大小，设置文字颜色为白色，效果如图 10-11 所示。"图层"控制面板中将生成新的文字图层。

图 10-11

（9）选择圆角矩形工具 ▢ ，在属性栏的"选择工具模式"下拉列表中选择"形状"选项，将填充颜色设置为橙黄色（255、213、42）、描边颜色设置为无、"半径"设置为"11 像素"。在图像窗口中绘制一个圆角矩形，效果如图 10-12 所示。"图层"控制面板中将生成新的图层"圆角矩形 1"。

（10）选择横排文字工具 ⊤ ，在适当的位置输入需要的文字并选择文字，在属性栏中选择合适的字体并设置文字大小，设置文字颜色为红色（234、57、34），效果如图 10-13 所示。"图层"控制面板中将生成新的文字图层。女包类 App 首页的 Banner 制作完成，效果如图 10-14 所示。

图 10-12　　　　　　　　　　　　　　　图 10-13

图 10-14

任务 10.2 制作音乐类 App 的引导界面

微课视频

制作音乐类App
的引导界面

10.2.1 任务引入

某音乐类 App 是一款专注于发现与分享音乐的软件，其具有音乐在线试听、歌词翻译、手机铃声下载等功能。本任务要求为该 App 制作引导页界面，要求设计营造出悠远雅致的氛围。

10.2.2 设计理念

该界面以城市图片为主体，提升了现代感；通过局部模糊处理，营造出朦胧感、梦幻感；简约的文字意境深远，提升了画面的质感。最终效果参看本书云盘中的"Ch10 > 效果 > 制作音乐类 App 的引导界面"文件，如图 10-15 所示。

图 10-15

10.2.3 任务实施

（1）按 Ctrl+O 组合键，弹出"打开"对话框，打开本书云盘中的"Ch10 > 素材 > 制作音乐类 App 的引导界面 > 01"文件，效果如图 10-16 所示。将"背景"图层拖曳到"图层"控制面板下方的"创建新图层"按钮 上，对其进行复制，生成新的图层，将其命名为"图片 拷贝"，如图 10-17 所示。

图 10-16

图 10-17

（2）单击"背景 拷贝"图层左侧的 ◉ 图标，将该图层隐藏，如图 10-18 所示。选择"背景"图层，如图 10-19 所示。

图 10-18

图 10-19

（3）选择"滤镜 > 模糊 > 高斯模糊"命令，在弹出的对话框中进行设置，如图 10-20 所示。单击"确定"按钮，效果如图 10-21 所示。

图 10-20

图 10-21

（4）选择椭圆工具 ◉，将属性栏中的"选择工具模式"设置为"形状"，将填充颜色设置为黄色（255、211、0）、描边颜色设置为无。在按住 Shift 键的同时，在图像窗口中绘制一个圆形，效果如图 10-22 所示。"图层"控制面板中将生成新的图层"椭圆 1"。按 Ctrl+J 组合键，复制该图层，并将复制的图层拖曳到所有图层的上方，如图 10-23 所示。

（5）单击"椭圆 1 拷贝"图层左侧的 ◉ 图标，将该图层隐藏，如图 10-24 所示。选择并显示"图片 拷贝"图层，如图 10-25 所示。

图 10-22

图 10-23

图 10-24

图 10-25

（6）选择"滤镜 > 锐化 > 智能锐化"命令，在弹出的"智能锐化"对话框中进行设置，如图 10-26 所示。单击"确定"按钮，效果如图 10-27 所示。

图 10-26

图 10-27

（7）按 Alt+Ctrl+G 组合键创建剪贴蒙版，效果如图 10-28 所示。选择并显示"椭圆 1拷贝"图层，如图 10-29 所示。

图 10-28

图 10-29

（8）按 Ctrl+T 组合键，圆形周围将出现变换框，在按住 Alt+Shift 组合键的同时，以圆心为中心点缩小圆形。按 Enter 键确认操作，效果如图 10-30 所示。双击"椭圆 1 拷贝"图层的缩览图，弹出相应的对话框，在其中将圆形的颜色设置为黑色。单击"确定"按钮，效果如图 10-31 所示。

图 10-30　　　　　　　　　　图 10-31

（9）单击"图层"控制面板下方的"添加图层样式"按钮 fx，在弹出的菜单中选择"描边"命令，弹出"图层样式"对话框。在其中将描边颜色设置为黄色（255、211、0），其他设置如图 10-32 所示。单击"确定"按钮，效果如图 10-33 所示。

图 10-32　　　　　　　　　　　　图 10-33

（10）在"图层"控制面板中，将"椭圆 1 拷贝"图层的"填充"设置为"0%"，如图 10-34 所示。按 Enter 键确认操作，效果如图 10-35 所示。

图 10-34　　　　　　　　　　图 10-35

（11）按 Ctrl+J 组合键，复制图层，生成"椭圆 1 拷贝 2"图层，如图 10-36 所示。按

Ctrl+T 组合键，圆形周围将出现变换框，在按住 Alt+Shift 组合键的同时，以圆心为中心点放大圆形。按 Enter 键确认操作，效果如图 10-37 所示。

图 10-36 图 10-37

（12）单击"图层"控制面板下方的"添加图层样式"按钮 fx，在弹出的菜单中选择"描边"命令，弹出"图层样式"对话框。在其中将描边颜色设置为白色，其他设置如图 10-38 所示。单击"确定"按钮，效果如图 10-39 所示。

图 10-38 图 10-39

（13）选择"椭圆 1 拷贝"图层，按 Ctrl+J 组合键，复制图层，生成"椭圆 1 拷贝 3"图层。将其拖曳到"椭圆 1 拷贝 2"图层的上方，如图 10-40 所示。按 Ctrl+T 组合键，圆形周围将出现变换框，在按住 Alt+Shift 组合键的同时，以圆心为中心点放大圆形。按 Enter 键确认操作，效果如图 10-41 所示。

图 10-40 图 10-41

（14）双击"椭圆 1 拷贝 3"图层的缩览图，弹出"图层样式"对话框，相关设置如图 10-42 所示。单击"确定"按钮，效果如图 10-43 所示。

（15）按 Ctrl+O 组合键，弹出"打开"对话框，打开本书云盘中的"Ch10 > 素材 > 制作音乐类 App 的引导界面 > 02"文件。选择移动工具 ⊕，将图片拖曳到"01"图像窗口中的适当位置，效果如图 10-44 所示。"图层"控制面板中将生成一个新图层，将其命名为"信息"。音乐类 App 的引导界面制作完成。

图 10-42

图 10-43

图 10-44

任务 10.3　制作金融理财行业推广 H5

微课视频

制作金融理财行业推广 H5

10.3.1　任务引入

乐享投金融有限公司是一家以收购企业发行的股票、债券等方式来融通长期资金，并以此支持私人企业发展的投资管理公司。本任务要求为该公司即将推出的活动制作一个 H5，要求设计重点展示活动内容。

10.3.2　设计理念

该 H5 使用鲜艳的颜色作为背景，以营造活动氛围；卡通元素的运用使画面更具亲和力；文字信息清晰规整，令人一目了然，能更好地向客户传达活动内容。最终效果参看本书云盘中的云盘中的"Ch10 > 效果 > 制作金融理财行业推广 H5"文件，如图 10-45 所示。

图 10-45

10.3.3　任务实施

（1）按 Ctrl+N 组合键，弹出"新建文档"对话框，在其中设置宽度为 750 像素、高度为 1850 像素、分辨率为 72 像素/英寸、背景内容为粉色（255、41、83）。单击"创建"按钮，新建文件。

（2）选择矩形工具▢，在属性栏中的"选择工具模式"下拉列表中选择"形状"选项，将填充颜色设置为紫色（116、42、221）、描边颜色设置为无。在图像窗口中的适当位置绘制一个矩形，如图 10-46 所示。"图层"控制面板中将生成新的图层"矩形 1"。

（3）按 Ctrl+O 组合键，弹出"打开"对话框，打开本书云盘中的"Ch10 > 素材 > 制作金融理财行业推广 H5 > 01、02、03"文件。选择移动工具✛，将"01""02""03"图像拖曳到新建的图像窗口中的适当位置，并调整它们的大小，效果如图 10-47 所示。"图层"控制面板中将生成新的图层，分别将它们命名为"文字""装饰""装饰 1"。

图 10-46

图 10-47

（4）在按住 Shift 键的同时，单击"矩形 1"图层，同时选择"装饰 1"和"矩形 1"图层之间的所有图层。按 Ctrl+G 组合键将图层打组，并将组名设置为"标题"。

（5）选择圆角矩形工具▢，在属性栏中将填充颜色设置为黄色（247、214、111）、描边颜色设置为无、"半径"设置为"15 像素"。在图像窗口中的适当位置绘制一个圆角矩形，如图 10-48 所示。"图层"控制面板中将生成新的图层"圆角矩形 1"。

（6）在属性栏中将"半径"设置为"8 像素"，在适当的位置绘制一个圆角矩形。在属性栏中将填充颜色设置为浅棕色（184、107、11）、描边颜色设置为无，如图 10-49 所示。"图层"控制面板中将生成新的图层"圆角矩形 2"。

图 10-48

图 10-49

（7）选择矩形工具 ，在适当的位置绘制一个矩形。在属性栏中将填充颜色设置为白色、描边颜色设置为无，如图 10-50 所示。"图层"控制面板中将生成新的图层"矩形 2"。

（8）在按住 Shift 键的同时，单击"圆角矩形 1"图层，同时选择"圆角矩形 1"和"矩形 2"图层之间的所有图层。按 Ctrl+G 组合键将图层打组并将组名设置为"边框"，如图 10-51 所示。

图 10-50　　　　　　　　　　　图 10-51

（9）选择横排文字工具 T，在适当的位置输入需要的文字并选择文字。在属性栏中选择合适的字体并设置文字大小，设置文字颜色为灰色（68、68、68），效果如图 10-52 所示。"图层"控制面板中将生成新的文字图层。

（10）选择椭圆工具 ◯，在属性栏中将填充颜色设置为粉色（255、41、83）、描边颜色设置为无。在按住 Shift 键的同时，在图像窗口中的适当位置绘制一个圆形，如图 10-53 所示。"图层"控制面板中将生成新的图层"椭圆 1"。

（11）选择移动工具 ✛，在按住 Alt+Shift 组合键的同时，将圆形拖曳到适当的位置即可复制圆形。用相同的方法再复制一个圆形，如图 10-54 所示。

图 10-52　　　　　　　　图 10-53　　　　　　　　图 10-54

（12）选择圆角矩形工具 ◻，在属性栏中将"半径"设置为"10 像素"，在图像窗口中的适当位置绘制一个圆角矩形。在属性栏中将填充颜色设置为紫色（116、42、221）、描边颜色设置为无，如图 10-55 所示。"图层"控制面板中将生成新的图层"圆角矩形 3"。

（13）在属性栏中将"半径"设置为"10 像素"，在适当的位置绘制一个圆角矩形。在属性栏中将填充颜色设置为浅黄色（253、255、225）、描边颜色设置为无，如图 10-56 所示。"图层"控制面板中将生成新的图层"圆角矩形 4"。在适当的位置再绘制一个圆角矩形。在属性栏中将填充颜色设置为无、描边颜色设置为灰色（186、186、186）、描边宽度设置为"1 像素"，如图 10-57 所示。"图层"控制面板中将生成新的图层"圆角矩形 5"。

图 10-55　　　　　　图 10-56　　　　　　图 10-57

（14）选择横排文字工具，在适当的位置输入需要的文字并选择文字，在属性栏中选择合适的字体并设置文字大小，设置文字颜色为粉色（255、41、83），效果如图 10-58 所示。"图层"控制面板中将生成新的文字图层。

（15）选择椭圆工具，在属性栏中将填充颜色设置为粉色（255、41、83）、描边颜色设置为白色、描边宽度设置为"2 像素"。在按住 Shift 键的同时，在图像窗口中的适当位置绘制一个圆形，如图 10-59 所示。"图层"控制面板中将生成新的图层"椭圆 2"。

（16）选择横排文字工具，在适当的位置输入需要的文字并选择文字。在属性栏中选择合适的字体并设置文字大小，设置文字颜色为白色，效果如图 10-60 所示。"图层"控制面板中将生成新的文字图层。

图 10-58　　　　　　图 10-59　　　　　　图 10-60

（17）选择钢笔工具，将属性栏中的"选择工具模式"设置为"形状"，将填充颜色设置为紫色（136、56、248）、描边颜色设置为无。在按住 Shift 键的同时，在图像窗口中的适当位置绘制图形，如图 10-61 所示。"图层"控制面板中将生成新的图层"形状 1"。

（18）选择横排文字工具，在适当的位置输入需要的文字并选择文字，在属性栏中选择合适的字体并设置文字大小，设置文字颜色为白色，效果如图 10-62 所示。"图层"控制面板中将生成新的文字图层。

（19）在按住 Shift 键的同时，单击"圆角矩形 4"图层，同时选择"猜对一场"和"圆角矩形 4"图层之间的所有图层。按 Alt+Ctrl+G 组合键创建剪贴蒙版，效果如图 10-63 所示。

图 10-61　　　　　　图 10-62　　　　　　图 10-63

（20）在按住 Shift 键的同时，单击"圆角矩形 3"图层，同时选择"猜对一场"和"圆角矩形 3"图层之间的所有图层。按 Ctrl+G 组合键将图层打组，并将组名设置为"红包"。
用相同的方法制作出"红包 2"图层组，如图 10-64 所示，效果如图 10-65 所示。

图 10-64

图 10-65

（21）选择"边框"图层组，按 Ctrl+J 组合键，复制图层组，生成新的图层组"边框 拷贝"。将其拖曳到其他图层的上方，如图 10-66 所示。在按住 Shift 键的同时，选择"边框 拷贝"图层组中的所有图层。选择移动工具 ⊕ ，在按住 Shift 键的同时，在图像窗口中将图像拖曳到适当的位置，如图 10-67 所示。

（22）选择"边框 拷贝"图层组中的"矩形 2"图层，按 Ctrl+T 组合键，图形周围将出现变换框，按住鼠标左键不放，向上拖曳矩形下方中间的控制手柄到适当的位置。按 Enter 键确认操作，效果如图 10-68 所示。

图 10-66

图 10-67

图 10-68

（23）选择横排文字工具 T ，在适当的位置输入需要的文字并选择文字，在属性栏中选择合适的字体并设置文字大小，设置文字颜色为灰色（68、68、68），效果如图 10-69 所示。"图层"控制面板中将生成新的文字图层。

（24）选择直线工具 ⁄ ，在属性栏中将填充颜色设置为无、描边颜色设置为灰色（68、68、68）、描边宽度设置为"2 像素"。在按住 Shift 键的同时，在图像窗口中的适当位置绘制一条直线，如图 10-70 所示。"图层"控制面板中将生成新的图层"形状 2"。选择移动工具 ⊕ ，在按住 Alt+Shift 组合键的同时，将其拖曳到适当的位置即可复制直线，效果如图 10-71 所示。

图 10-69　　　　　图 10-70　　　　　图 10-71

（25）选择横排文字工具 T.，在适当的位置输入需要的文字并选择文字，在属性栏中选择合适的字体并设置文字大小，设置文字颜色为灰色（68、68、68），效果如图 10-72 所示。"图层"控制面板中将生成新的文字图层。金融理财行业推广 H5 制作完成，效果如图 10-73 所示。

图 10-72

图 10-73

任务 10.4　制作七夕节海报

微课视频

制作七夕节海报

10.4.1　任务引入

遇见摄影工作室是一家集婚纱写真、彩妆造型为一体的专业摄影机构。本任务要求在七夕节来临之际，为该工作室制作一款海报，用于宣传七夕节活动，要求设计营造出幸福甜蜜的氛围。

10.4.2　设计理念

该海报使用直观醒目的文字来诠释活动内容，表现出了活动特色；使用具有七夕特色的元素装饰画面，营造出了甜蜜的气氛；剪影的形式使画面特色更鲜明。最终效果参看本书云盘中的"Ch10 > 效果 > 制作七夕节海报"文件，如图 10-74 所示。

图 10-74

10.4.3　任务实施

（1）按 Ctrl+N 组合键，弹出"新建文档"对话框，在其中设置宽度为 26.5 厘米、高度为 41.7 厘米、分辨率为 72 像素/英寸、颜色模式为 RGB、背景内容为白色。单击"创建"按钮，新建文件。

（2）按 Ctrl+O 组合键，弹出"打开"对话框，打开本书云盘中的"Ch10 > 素材 > 制作七夕节海报 > 01、02、03"文件。选择移动工具 ⊕，将图片分别拖曳到新建图像窗口中的适当位置，效果如图 10-75 所示。"图层"控制面板中将生成新图层，将它们分别命名为"底图""玫瑰"和"人物"。

（3）新建一个图层并将其命名为"线条"。将前景色设置为白色。选择钢笔工具 ⌀，将属性栏中的"选择工具模式"设置为"路径"，在图像窗口中绘制路径，如图 10-76 所示。

（4）选择画笔工具 ✐，在属性栏中单击"画笔"右侧的下拉按钮 ⌄，在弹出的画笔选项面板中选择需要的画笔，如图 10-77 所示。单击"路径"控制面板下方的"用画笔描边路径"按钮 ○，对路径进行描边，如图 10-78 所示。按 Enter 键，隐藏该路径。

图 10-75

图 10-76

图 10-77

图 10-78

（5）单击"图层"控制面板下方的"添加图层样式"按钮 fx，在弹出的菜单中选择"外发光"命令，弹出"图层样式"对话框。在其中将发光颜色设置为白色，其他设置如图 10-79 所示。单击"确定"按钮，效果如图 10-80 所示。用相同的方法制作出另一条线，如图 10-81 所示。

图 10-79

图 10-80

图 10-81

（6）选择自定形状工具 ，单击属性栏中的"形状"下拉按钮 ，弹出形状选项面板。在其中选择需要的图形，如图 10-82 所示。在属性栏中将填充颜色设置为白色、描边颜色设置为暗红色（146、0、0）、描边宽度设置为 5 像素。单击"描边类型"下拉按钮 ，在弹出的选项面板中设置"对齐"和"角点"选项，如图 10-83 所示。将"选择工具模式"设置为"形状"。在按住 Shift 键的同时，在图像窗口中按住鼠标左键不放并拖曳，绘制图形，效果如图 10-84 所示。"图层"控制面板中将生成新的图层"形状 1"。

图 10-82　　　　　　　　　　图 10-83　　　　　　　　　　图 10-84

（7）选择钢笔工具 ，单击属性栏中的"路径操作"按钮 ，在弹出的下拉列表中选择"排除重叠形状"选项，在图像窗口中的适当位置绘制路径，效果如图 10-85 所示。

（8）按 Ctrl+J 组合键，复制路径所在的图层。选择移动工具 ，将图形拖曳到适当的位置，并调整其大小，效果如图 10-86 所示。用相同的方法再次复制图形，并调整其大小，效果如图 10-87 所示。

图 10-85　　　　　　　　　　图 10-86　　　　　　　　　　图 10-87

（9）新建一个图层并将其命名为"光点"。选择画笔工具 ，在属性栏中单击"切换画笔设置面板"按钮 ，弹出"画笔设置"控制面板。选择"画笔笔尖形状"选项，切换到相应的面板中进行设置，如图 10-88 所示；勾选"形状动态"复选框，切换到相应的面板中进行设置，如图 10-89 所示；勾选"散布"复选框，切换到相应的面板中进行设置，如图 10-90 所示。在图像窗口中按住鼠标左键不放并拖曳，绘制高光图形，效果如图 10-91 所示。

（10）按 Ctrl+O 组合键，弹出"打开"对话框，打开本书云盘中的"Ch10 > 素材 > 制

作七夕节海报 > 04"文件。选择移动工具 ⊕，将图片拖曳到图像窗口中的适当位置，效果如图 10-92 所示。"图层"控制面板中将生成一个新图层，将其命名为"文字"。七夕节海报制作完成。

图 10-88　　　　　　　图 10-89　　　　　　　图 10-90

图 10-91　　　　　　图 10-92

任务 10.5　项目演练——制作冰淇淋包装

10.5.1 任务引入

制作冰淇淋包装1

Candy 是一家冰淇淋公司，其生产冰淇淋的主要口味有香草、抹茶、曲奇香奶、芒果、提拉米苏等。该公司准备推出新品——草莓口味冰淇淋，本任务要求为其制作一款包装，要求设计突出产品的特色。

制作冰淇淋包装2

10.5.2 设计理念

该包装整体色调明亮、清快，给人以舒适感；草莓与冰淇淋球的搭配能让人产生甜蜜的联想，突出产品的特色；文字与宣传的主题相呼应，达到了宣传的目的。最终效果参看本书云盘中的"Ch10 > 效果 > 制作冰淇淋包装"文件，如图 10-93 所示。

图 10-93

扩展知识扫码阅读

设计基础知识

1. 认识基本形体
2. 透视原理
3. 平面构成
4. 形式美法则
5. 点、线、面三大要素
6. 基本形与骨骼
7. 色彩
8. 图形创意方法
9. 版式设计

设计应用知识

1. 图标设计
   - 图标的概念
   - 图标的设计流程
   - 图标的设计原则
   - 图标的设计规范
   - 图标的风格类型

2. App 界面设计
   - App 的概念
   - App 设计的流程
   - App 设计的原则
   - iOS 系统设计规范
   - Android 设计规范
   - App 常用界面类型

3. 招贴广告设计

4. 电商网店设计
   - Photoshop 在电商中的应用
   - 淘宝店铺各模块图片尺寸及具体要求
   - 网店首页各元素的设计
   - 商品详情页面各元素设计

5. 书籍设计

6. 包装设计

7. 网页设计